好氧颗粒污泥污水处理技术

张翠雅　马广东 ◎ 著

上海科学技术出版社

图书在版编目（CIP）数据

好氧颗粒污泥污水处理技术 / 张翠雅，马广东著
. -- 上海：上海科学技术出版社，2024.6
ISBN 978-7-5478-6619-1

Ⅰ.①好… Ⅱ.①张… ②马… Ⅲ.①污水处理－生物处理－研究 Ⅳ.①X703.1

中国国家版本馆CIP数据核字(2024)第084620号

好氧颗粒污泥污水处理技术
张翠雅　马广东　著

上海世纪出版(集团)有限公司
上海科学技术出版社　出版、发行
(上海市闵行区号景路159弄A座9F-10F)
邮政编码 201101　www.sstp.cn
上海锦佳印刷有限公司印刷
开本 787×1092　1/16　印张 9
字数：200 千字
2024 年 6 月第 1 版　2024 年 6 月第 1 次印刷
ISBN 978-7-5478-6619-1/X·70
定价：75.00 元

本书如有缺页、错装或坏损等严重质量问题，请向工厂联系调换

前言

水是人类赖以生存的自然资源之一，是生态系统必不可少的组成部分，洁净的水资源对人类及动植物的生存起着至关重要的作用。但是，随着人们生活质量的提高，生活污水排放量逐年增加，且我国是养殖大国，随着养殖密度的增加，水体受到生活污水和养殖尾水带来的承载压力越来越大。大量污染物处理不当会加剧水域富营养化程度。在污水的生物处理系统中，生物膜的处理效果优于悬浮性活性污泥。好氧颗粒污泥是一种由细胞自聚形成的特殊生物膜。好氧颗粒污泥独特的分层结构使其具有较高的生物多样性，具备同时去除有机碳、氮和磷的潜能，且其比重大、生物致密的特性使其具有快速的沉降速度，有利于泥水分离、缩小或者省去污泥二沉池、简化工艺流程、降低污水处理系统的占地面积和投资成本。因此，好氧颗粒污泥被誉为一项具有前景的污水生物深度处理技术。近年来，对好氧颗粒污泥形成机理探索、形成条件选择、结构特性考察以及污染物降解功能驯化的研究已经成为热点，但是颗粒化时间长且长期运行稳定性差限制了其广泛应用。

本书通过优化好氧颗粒污泥的培养条件，尝试从控制粒径的角度提高其长期运行过程的稳定性。本书共八章，详细介绍了反硝化除磷好氧颗粒污泥的形成过程和稳定性控制优化研究方法。其中，引入灰关联分析判定好氧颗粒污泥形成过程中的关键影响因子，给出其最佳值或最佳调控范围。并利用pH值、氧化还原电位和溶解氧调整SBR的厌氧、好氧和缺氧时长，优化好氧颗粒污泥的运行参数，同时解决非丝状菌膨胀问题。针对长期运行过程中好氧颗粒污泥稳定性差的问题，基于已获得的优化条件，筛选出有效控制粒径不断增长趋势的耦合选择压。此外，针对好氧颗粒污泥中反硝化除磷微生物活性的测定方法进行深入研究，分析传统测定方法的弊端，并提出准确地评估各类菌体活性的实验改进方法。考察了电气石的投加对反硝化除磷好氧颗粒污泥培养和处理性能的影响。最后，采用养殖底泥为接种污泥，培养稳定耐盐反硝化除磷好氧颗粒污泥，进而开展海水养殖尾水处理性能等研究，对于我国海水养殖水环境保护具有积极的意义。实验成果可降低海水养殖底泥的生态风险，实现其无害化和资源化利用，降低底泥处理成本，并为提高海水养殖尾水循环利用提供技术支撑。

本书通过阐述反硝化除磷好氧颗粒污泥培养条件优化、脱氮除磷功能微生物活性测定，为提高好氧颗粒污泥的稳定性提供参考方法和理论依据，同时为生活污水和养殖尾水处理领域的工程技术人员、水产养殖工程、化学工程及环境工程等相关专业师生提供技术参考，具有较好的学术价值和应用价值。

  本书涉及的研究由作者及其所在研究团队相关研究人员共同完成，本书由马广东（第1~4章）和张翠雅（第5~8章）撰写。研究生国显勇同学负责本书文献整理。本书参阅了国内外有关文献和相关书籍。同时，在编写过程中得到了大连理工大学、大连海洋大学和大连塞姆生物工程技术有限公司等单位给予的大力支持和指导。在此表示诚挚的谢意！

  限于作者的水平和视野，本书难免存在不妥之处，敬请读者批评指正。

作 者

2024年1月

主要符号与缩写表

符　号	意　义	单　位
SBR	序批式反应器	
A/O/A	交替运行的厌氧-好氧-缺氧模式	
A/O	交替运行的厌氧-好氧模式	
A/A/O	交替运行的厌氧-缺氧-好氧模式	
A/A	交替运行的厌氧-缺氧模式	
DO	溶解氧	mg/L
ORP	氧化还原电位	mV
$NH_4^+ - N$	氨氮	mg/L
$NO_3^- - N$	硝氮	mg/L
$NO_2^- - N$	亚硝氮	mg/L
$PO_4^{3-} - P$	磷酸盐	mg/L
COD	化学需氧量	mg/L
TOC	总有机碳	mg/L
TN	总氮	mg/L
HRT	水力停留时间	h/min
SRT	污泥停留时间	day
SEM	扫描电子显微镜	
CLSM	共聚焦激光扫描显微镜	
FISH	荧光原位杂交技术	
GST	灰色系统理论	
GRA	灰关联分析	
GRC	灰关联系数	
GERG	灰熵关联度	
SVI	污泥体积指数	mL/g
H/D	高径比	
AT	曝气时长	min
SGV	表观气体流速	cm/s
ST	沉降时间	min
OLR	有机负荷	kg COD/($m^3 \cdot d$)

(续　表)

符　号	意　义	单　位
EPS	胞外聚合物	mg/g MLSS
PS	胞外多糖	mg/g MLSS
PN	胞外蛋白	mg/g MLSS
LB PS	松散结合型胞外多糖	mg/g MLSS
TB PS	紧密结合型胞外多糖	mg/g MLSS
LB PN	松散结合型胞外蛋白	mg/g MLSS
TB PN	紧密结合型胞外蛋白	mg/g MLSS
PAOs	聚磷菌	
DNPAOs	反硝化聚磷菌	
DNIPAOs	可利用 $NO_2^- - N$ 的反硝化聚磷菌	
DNAPAOs	可利用 $NO_3^- - N$ 的反硝化聚磷菌	
GAOs	聚糖菌	
DNGAOs	反硝化聚糖菌	
SAPUR	比好氧吸磷速率	mg/(g VSS·h)
SNPUR	比缺氧吸磷速率	mg/(g VSS·h)
SADR	比好氧反硝化速率	mg/(g VSS·h)
SANADR	$NO_3^- - N$ 比好氧反硝化速率	mg/(g VSS·h)
SANIDR	$NO_2^- - N$ 比好氧反硝化速率	mg/(g VSS·h)
SNDR	比缺氧反硝化速率	mg/(g VSS·h)
SNNADR	$NO_3^- - N$ 比缺氧反硝化速率	mg/(g VSS·h)
SNNIDR	$NO_2^- - N$ 比缺氧反硝化速率	mg/(g VSS·h)
SOUR	比好氧速率	
PHA	聚-β-羟基烷酸酯	
FNA	游离亚硝酸	

目 录

第1章 概述 ... 1
1.1 好氧颗粒污泥形成机理探索 ... 2
1.2 好氧颗粒污泥形成过程中的影响因素 ... 5
 1.2.1 接种污泥 ... 5
 1.2.2 进水基质组成和负荷 ... 5
 1.2.3 SBR 运行模式 ... 7
 1.2.4 环境影响因子 ... 8
1.3 好氧颗粒污泥形成过程的优化研究进展 ... 9
 1.3.1 投加辅助材料或改变接种污泥组分 ... 9
 1.3.2 调控运行条件 ... 10
 1.3.3 耦合选择压 ... 12
1.4 好氧颗粒污泥稳定性强化的研究进展 ... 13
 1.4.1 提供适宜的运行条件 ... 13
 1.4.2 筛选富集生长速率慢的微生物 ... 16
 1.4.3 抑制厌氧生长 ... 16
 1.4.4 强化厌氧内核 ... 17
1.5 生物硝化、反硝化和除磷研究 ... 18
 1.5.1 生物脱氮 ... 18
 1.5.2 生物除磷 ... 19
 1.5.3 好氧颗粒污泥脱氮、除磷研究 ... 22
1.6 本书主要内容 ... 24

第2章 好氧颗粒污泥培养和分析表征方法 ... 27
2.1 引言 ... 28
2.2 SBR 反应器 ... 28
2.3 实验配水成分 ... 29
2.4 常规测试项目及方法 ... 29

2.5 污泥粒径和形态 ·········· 30
2.6 EPS 提取与测定方法 ·········· 30
2.7 比好氧速率测定 ·········· 31
2.8 荧光原位杂交 ·········· 31

第3章 基于灰色系统理论识别好氧颗粒污泥的关键影响因子 ·········· 35

3.1 引言 ·········· 36
3.2 研究方法 ·········· 36
    3.2.1 GRA 方法 ·········· 36
    3.2.2 参考数列和比较数列 ·········· 38
    3.2.3 数据获取 ·········· 38
3.3 GRA 计算过程 ·········· 39
    3.3.1 标准化处理 ·········· 39
    3.3.2 GRC 计算 ·········· 40
    3.3.3 最优值和最佳范围 ·········· 43
    3.3.4 GERG 计算 ·········· 44
3.4 结果讨论 ·········· 46
    3.4.1 SGV 影响分析 ·········· 46
    3.4.2 AT 和 OLR 影响分析 ·········· 46
    3.4.3 ST 影响分析 ·········· 47
    3.4.4 H/D 影响分析 ·········· 47
3.5 本章小结 ·········· 48

第4章 基于环境参数优化培养好氧颗粒污泥 ·········· 49

4.1 引言 ·········· 50
4.2 实验与方法 ·········· 51
    4.2.1 实验装置和运行条件 ·········· 51
    4.2.2 配水组成和接种污泥 ·········· 52
    4.2.3 周期实验 ·········· 52
4.3 实验结果与讨论 ·········· 52
    4.3.1 环境参数优化周期时长 ·········· 52
    4.3.2 颗粒化过程形态变化及特征 ·········· 55
    4.3.3 颗粒化过程污染物去除能力 ·········· 57
4.4 环境参数调控非丝状菌膨胀污泥颗粒化过程研究 ·········· 58
    4.4.1 实验装置和运行条件 ·········· 58

目录

- 4.4.2 接种污泥和进水组成 ·················· 59
- 4.4.3 pH 值、ORP 和 DO 与生化反应关联分析 ·················· 59
- 4.4.4 非丝状菌膨胀原因分析及控制策略 ·················· 61
- 4.4.5 非丝状菌膨胀污泥形态和处理效果 ·················· 61
- 4.4.6 颗粒化过程形态变化和污染物去除能力 ·················· 65
- 4.4.7 EPS 变化情况 ·················· 66
- 4.5 本章小结 ·················· 66

第5章 基于粒径控制实现好氧颗粒污泥长期稳定运行 ·················· 69

- 5.1 引言 ·················· 70
- 5.2 实验与方法 ·················· 71
  - 5.2.1 SBR 运行条件的优化选择 ·················· 71
  - 5.2.2 接种污泥和进水组成 ·················· 72
- 5.3 实验结果 ·················· 72
  - 5.3.1 颗粒化过程形态变化及特征 ·················· 72
  - 5.3.2 EPS 分泌量变化情况 ·················· 74
  - 5.3.3 FISH 分析 ·················· 75
  - 5.3.4 PAOs、AOB 和 NOB 活性测定 ·················· 76
  - 5.3.5 颗粒化过程污染物去除能力 ·················· 77
- 5.4 稳定好氧颗粒污泥形成机理分析 ·················· 79
- 5.5 本章小结 ·················· 79

第6章 好氧颗粒污泥内反硝化除磷菌功能识别及活性测定方法研究 ·················· 81

- 6.1 引言 ·················· 82
- 6.2 实验与方法 ·················· 82
  - 6.2.1 批次实验设计 ·················· 82
  - 6.2.2 $NO_2^- - N$ 投加剂量研究 ·················· 84
- 6.3 实验结果与讨论 ·················· 85
  - 6.3.1 $NO_2^- - N$ 对好氧吸磷和缺氧吸磷的影响 ·················· 85
  - 6.3.2 批次实验测定结果 ·················· 86
- 6.4 本章小结 ·················· 90

第7章 电气石对好氧颗粒污泥形成过程和处理效能影响 ·················· 93

- 7.1 引言 ·················· 94

7.2 实验与方法 ··· 94
　　7.2.1 实验材料 ··· 94
　　7.2.2 装置及运行条件 ·· 95
　　7.2.3 分析项目和方法 ·· 95
7.3 实验结果与讨论 ··· 96
　　7.3.1 活性污泥的颗粒化过程 ··· 96
　　7.3.2 反应器处理性能比较 ·· 97
　　7.3.3 比好氧/缺氧吸磷速率批次实验 ··· 99
　　7.3.4 电气石对好氧反硝化的影响 ··· 100
7.4 本章小结 ··· 101

第8章　好氧颗粒污泥处理海水养殖尾水的研究 ·· 103

8.1 引言 ··· 104
　　8.1.1 养殖底泥处理技术概况 ··· 104
　　8.1.2 海水养殖尾水处理技术概况 ··· 104
　　8.1.3 好氧颗粒污泥处理水产养殖废水及底泥的研究 ······································ 105
8.2 实验与方法 ·· 106
　　8.2.1 底泥和进水水质 ··· 106
　　8.2.2 SBR 反应器及启动调控 ··· 106
　　8.2.3 测试项目和分析方法 ·· 106
　　8.2.4 细菌同源进化性分析 ·· 107
8.3 实验结果与讨论 ··· 107
　　8.3.1 海水养殖底泥颗粒化过程中形态变化 ·· 107
　　8.3.2 EPS 变化趋势 ··· 108
　　8.3.3 驯化过程中底泥的污染物脱除效果变化 ··· 109
　　8.3.4 微生物群落动态及功能群鉴定 ·· 112
8.4 本章小结 ··· 114

参考文献 ··· 115

第1章 概述

水体的富营养化和有机污染是水环境受到污染的主要特征,尤其是前者在世界各地的水域中日趋严重,对水生生物、人类健康以及工、农业造成严重危害。引起水体富营养化的主要原因是氮、磷的过量排放,因此污水在排放前必须将氮、磷移除[1]。目前的污水生物处理技术存在诸多问题,比如工艺流程长、程序复杂、占地大、投资和运行成本高,而且多数生物处理系统同时去除有机物、氮和磷的效果较差。因此,对新型高效脱氮除磷工艺的研究已被列为目前水污染控制工程领域研究的重点和热点之一。

好氧颗粒污泥是一项具有前景的污水生物深度处理技术[2-4]。研究证实,在污水的生物处理系统中,生物膜的处理效果优于悬浮性活性污泥[3]。好氧颗粒污泥是一种由细胞自聚形成的特殊生物膜。好氧颗粒污泥比重大、生物致密的特性使其具有快速的沉降速度,有利于泥水分离、缩小或者省去污泥二沉池、简化工艺流程、降低污水处理系统的占地面积和投资成本。而且,好氧颗粒污泥较高的污泥浓度和容积负荷可以承受水质波动和高有机负荷带来的冲击,保证良好的出水水质。另外,好氧颗粒污泥的颗粒结构使得 O_2 在传输过程中受到传质阻力,由外向内依次分为好氧层、缺氧层和厌氧层,为不同微生物提供适宜的生存空间,这种独特的分层结构使其具有较高的生物多样性,具备同时降解有机碳、氮和磷的潜能。因此,近年来对好氧颗粒污泥形成机理探索、形成条件选择、结构特性考察以及污染物降解功能驯化的研究已经成为热点。

1.1 好氧颗粒污泥形成机理探索

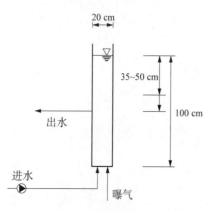

图 1.1 SBR 系统[6]

1991 年 Mishima 和 Nakamura[5]首次在连续流好氧污泥生物反应器内获得好氧颗粒污泥。Morgenroth 等[6]在 1997 年第一次利用序批式反应器(sequencing batch reactor,SBR)培养出好氧颗粒污泥(图 1.1)。Heijnen 等[7]在 1998 年对其申请专利。

与其他工艺相比,SBR 具有处理构筑物少、占地面积小、对水质和水量的变化适应性强、不易发生污泥膨胀等优点,因此目前大部分研究者均选择 SBR 培养好氧颗粒污泥[8-17]。通过灵活调整 SBR 进水、曝气、沉淀、排水、等待、排泥等环节,改变 SBR 的运行方式。调控曝气和非曝气可以创造交替厌氧、缺氧或好氧条件,有利于不同微生物共存于一个反应器内并执行不同的生化反应(如硝化、反硝化和除磷)。

目前对好氧颗粒污泥形成机理的探索仍未形成统一的理论。一般认为,颗粒化过程是微生物在一定条件下为适应环境不断地调整自身代谢活动产生的自发凝聚现象。在生物学范畴内,将微生物自聚假定为属内、属间和多属之间通过细胞表面受体的交互作用进行的细胞与细胞的黏附过程,如胞外蛋白(extracellular proteins,PN)与胞外多糖(extracellular polysaccharides，PS)之间，或 PN 与 PN 之间的交互作用[18]。Tay 等[19]将好氧颗粒污泥的形成过程视为一种不依赖载体的微生物自固定化过程(图 1.2～图 1.4)。Beun 等[8]提出无载体

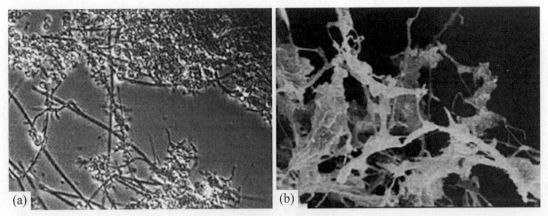

图 1.2 接种活性污泥形态[19]
(a)光学显微镜；(b)扫描电镜

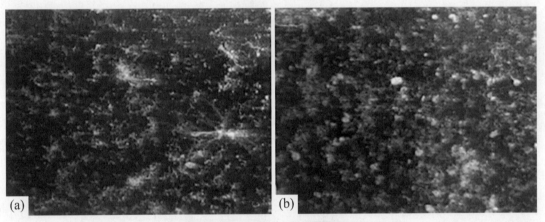

图 1.3 培养 1 周的微生物聚集体[19]
(a)投加葡萄糖；(b)投加乙酸盐

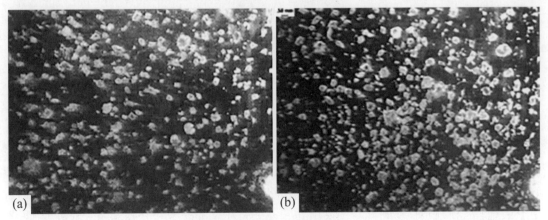

图 1.4 培养 2 周的颗粒污泥[19]
(a)投加葡萄糖；(b)投加乙酸盐

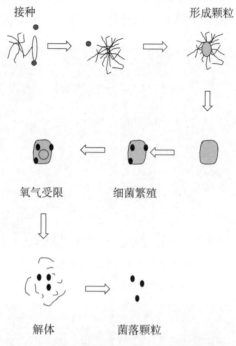

图 1.5 SBR 中好氧颗粒污泥形成机理假设[8]

条件下好氧颗粒污泥形成的模拟过程,如图 1.5 所示。

Liu 等[20]提出好氧颗粒污泥形成过程的四步理论。

第一步:在剪切力、扩散作用、重力、热力学作用力和/或细胞移动的作用下,细菌发生物理运动形成聚合微粒。

第二步:由物理作用力、化学作用力或生物化学作用力形成的最初动力诱导形成初始颗粒。其中,物理作用力包括范德华力、正负电荷引力、热力学作用力(表面自由能,表面张力)和丝状菌链接或桥联单独细胞。其中,细胞表面疏水性在生物膜最初形成过程中起到重要作用[19]。在热力学理论范畴内,提高细胞表面疏水性会降低其表面过剩的吉布斯自由能(Gibbs free energy),继而促进细胞间相互作用,为细菌脱离水相发生自聚提供最初动力。在此过程中,丝状菌可构建三维结构,为黏附生长的细菌提供稳定的环境。化学作用力包括氢键、离子配对和三价离子配对等。生物化学作用力包括细胞膜融合、细胞受体吸引和细胞表面脱水。

第三步:微生物作用力促使微粒逐渐成熟,如分泌胞外聚合物(extracellular polymeric substances, EPS)、细胞集群生长,以及环境刺激导致细菌的新陈代谢和基因表达变化。

第四步:外界水力剪切力稳固颗粒的三维结构。

研究者为了进一步探索好氧颗粒污泥形成过程的机理,利用共聚焦激光扫描显微镜(confocal laser scanning microscopy, CLSM)、荧光染料、荧光微球和寡糖苷酸探针[21-24]考察好氧颗粒污泥形成过程中颗粒内部组成的变化情况[25-27]。在颗粒化过程中,在污泥上同时标记 PN、油脂、α-胞外多糖(α-extracellular polysaccharides, α-PS)和 β-胞外多糖(β-extracellular polysaccharides, β-PS)、总细胞和死亡细胞。结果证实微生物聚集是颗粒形成的关键步骤,微生物聚集后在附着位点处繁殖并分泌 EPS,逐渐转变成大粒径絮状污泥。黏附在絮状污泥上的微生物大量繁殖和凝聚,形成好氧颗粒污泥。在外界剪切力的作用下,颗粒的结构逐渐变得紧实。PN 和 PS 形成好氧颗粒污泥的非生物性内核,为颗粒抵御外部剪切力提供有力支撑。成熟好氧颗粒污泥光滑的表面将颗粒之间的碰撞摩擦最小化。然而粒径不断增大会导致基质传送受阻,引发内部细胞死亡。

1.2 好氧颗粒污泥形成过程中的影响因素

众多参数会影响好氧颗粒污泥的形成过程,比如接种污泥、基质组成、有机负荷(organic loading rate, OLR)、进食策略、反应器构型、沉降时间(settling time, ST)、体积交换律和曝气强度(体现水力剪切力)等。

1.2.1 接种污泥

活性污泥系统中较多的微生物群落对好氧颗粒污泥的形成过程具有重要影响,因此大部分研究选取活性污泥作为培养好氧颗粒污泥的接种污泥[2]。不同菌体具有不同的物理-化学特性,导致其表现出不同的凝聚能力[28]。相对于亲水性细菌而言,疏水性细菌更易黏附在污泥絮体上[29]。接种污泥中疏水性微生物越多,越容易快速地形成沉降性能好的颗粒污泥[30]。

1.2.2 进水基质组成和负荷

适于培养好氧颗粒污泥的基质种类众多,包括乙酸、葡萄糖、苯酚、乙醇、淀粉、蔗糖、糖浆和合成污水[31-35],也有研究者利用实际污水培养好氧颗粒污泥[36-39]。研究显示碳源会显著影响颗粒的种群结构[19],以苯酚作为碳源和能源物质培养好氧颗粒污泥,优势种群为 *Proteobacterium*[35,40]。以无机碳源和氨氮($NH_4^+ - N$)作为培养基质,好氧颗粒污泥中优势种群为亚硝化菌(ammonia oxidizing bacteria, AOB)和硝化菌(nitrite oxidizing bacteria, NOB)[41,42]。以葡萄糖和乙酸作为碳源、硝氮($NO_3^- - N$)作为氮源,好氧颗粒污泥中优势种群为 *Epistylis*、*Poterioochromonas*、*Geotrichum* 和 *Geotrichum klebahnii*[43]。Xiang 等[44]以高负荷苯胺作为单一碳源和氮源培养好氧颗粒污泥,在颗粒中分离出两株纯菌,分别是 *Pesudomonas* sp. adx1 和 *Achromobacter* sp. adx3,它们对苯胺的降解效果分别达到 $0.924 g/(g \cdot h)$ 和 $0.645 g/(g \cdot h)$。

OLR 会显著影响好氧颗粒污泥的形成速度和颗粒中种群结构[45]。在 OLR 较低的条件下[$1.5 kg COD/(m^3 \cdot d)$],好氧颗粒污泥的形成速度较慢,粒径小,结构紧实,且微生物多样性高。较高的 OLR[$4.5 kg COD/(m^3 \cdot d)$]会加速好氧颗粒污泥的形成过程,但是,好氧颗粒污泥粒径大、结构疏松。Li 等[46,47]研究证实,好氧颗粒污泥中生物多样性会随 OLR 增加而降低。可见,好氧颗粒污泥的形态和动力学特性均受 OLR 影响。然而目前的研究表明,OLR 在 $2.5 \sim 15 kg COD/(m^3 \cdot d)$ 范围内均可以培养出好氧颗粒污泥[48,49],可见好氧颗粒污泥的形成并不单纯取决于 OLR。

Yang 等[50]研究 N/COD(5/100~30/100)对好氧颗粒污泥形成过程的影响,结果发现只有在游离氨(free ammonia, FA)浓度低于 23.5 mg/L 的环境下才能培养出好氧颗粒污泥(图

1.6),这是因为高于此阈值时,FA 会显著降低细胞疏水性,并影响 EPS 产量,继而阻碍好氧颗粒污泥的形成过程。但是,当处理无机污水时,FA 对颗粒化过程的影响并不显著。Shi 等[51]以高负荷 $NH_4^+ - N$ 无机污水为进水,经过 120 天培养出了平均粒径为 0.32 mm 的自养硝化好氧颗粒污泥。Chen 等[52]通过迅速提高 $NH_4^+ - N$ 负荷(由 200 mg/L 增至 1 000 mg/L)结合短 ST 运行模式,经过 55 天培养出自养硝化好氧颗粒污泥。

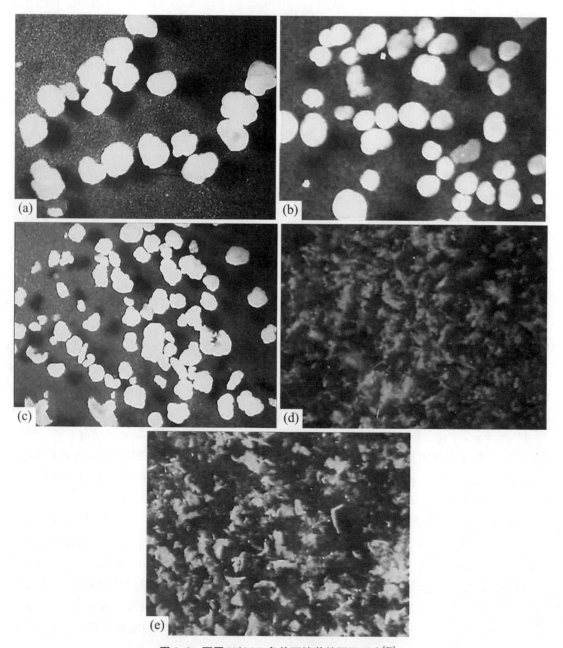

图 1.6 不同 N/COD 条件下培养的污泥形态[50]

(a)N/COD 为 5/100 的反应器中的颗粒污泥;(b)N/COD 为 10/100 的反应器中的颗粒污泥;(c)N/COD 为 15/100 的反应器中的颗粒污泥;(d)N/COD 为 20/100 的反应器中的污泥;(d)N/COD 为 30/100 的反应器中的污泥

1.2.3 SBR 运行模式

ST 和体积交换率的设定是为了筛选并淘洗掉非颗粒状絮体。较短的 ST 可以将沉降速率差的悬浮污泥淘洗出反应器,截留沉降性好的好氧颗粒污泥[13,53]。研究证实短 ST 可强化好氧颗粒污泥的形成过程[49,54,55]。细胞的表观特性会随 ST 的延长或缩短发生相应的变化,然而其机理并不明确。Adav 等[56]考察 ST 分别为 5 min、7 min 和 10 min 对好氧颗粒污泥形成过程的影响,结果显示 ST 会引起微生物群落的变化(图 1.7),短 ST 会较早地淘洗出非絮凝菌株,避免其与絮凝性菌株竞争。但是在反应器内富集絮凝性菌株,会降低好氧颗粒污泥的生物多样性。

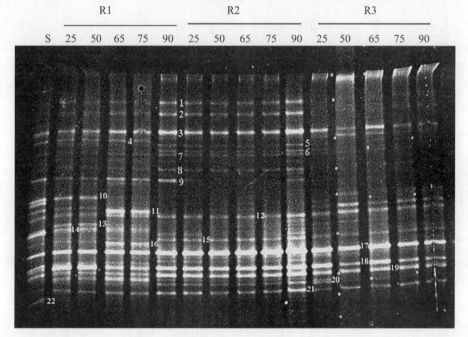

图 1.7 ST 分别为 10 min(R1)、7 min(R2)和 5 min(R3)的反应器中样品的溴化乙锭染色图像[56]

周期时长会影响好氧颗粒污泥的形成过程。Liu 等[57]研究发现周期时长从 1.5 h 延长至 8 h,生物量的比生长速率从 0.266/d 降低至 0.031/d,微生物产率从 0.316 g/g COD 降低至 0.063 g/g COD。周期时长为 1.5 h 的条件下,好氧颗粒污泥的粒径最大,而周期时长为 4 h 的条件下,好氧颗粒污泥的结构最为紧实。另外,较短的周期时长可以提高反应器的处理效率,但是对好氧颗粒污泥的稳定性存在不利影响(图 1.8)。

曝气机制同样会影响好氧颗粒污泥的形成过程。SBR 内曝气过程包括基质降解期(饱食期)和饥饿期两个阶段,这种交替性的饱食-饥饿环境会促使细菌向疏水性转变,继而加速微生物聚集过程[19,31,58]。Li 等[14]指出饥饿环境可将 EPS 控制在合理的范围,而适宜浓度的 EPS 是颗粒形成和保持稳定的必要条件。目前关于交替性的饱食-饥饿环境对好氧颗粒污泥形成过程的影响机理并不是十分明确。McSwain 等[59]证实间歇式进食模式可抑制丝状菌繁殖,有利于提高好氧颗粒污泥的紧实度和稳定性。另外,曝气速率的大小对应水力剪切力的强弱,提高曝气速率可相应地强化水力剪切力。Liu 等[20]和 Tay 等[60]强调水力剪切力有助于培养出结构紧实的好氧颗粒污泥,因为强水力剪切力会产生以下效果:①对颗粒表面进行剥蚀,促进

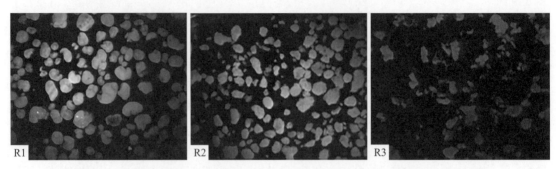

图 1.8　周期时长分别为 1.5 h(R1)、4 h(R2)和 8 h(R3)培养的好氧颗粒污泥图[57]

形成表面光滑的好氧颗粒污泥;②刺激微生物分泌 EPS,强化好氧颗粒污泥的结构完整度;③降低基质传送阻力,并为微生物降解污染物提供充足的 O_2。但是仅提供高剪切力不一定可以实现污泥的颗粒化过程[2]。例如 Dulekgurgen 等[61]通过增大搅拌速度提高水力剪切力,未能将污泥驯化成颗粒污泥。可见,虽然较高的剪切力可以强化颗粒结构,剥离多余细胞等物质,但是好氧颗粒污泥的形成是一个复杂的过程,不是某个单一参数决定的。

1.2.4　环境影响因子

研究指出,在溶解氧(dissolved oxygen,DO)低至 $0.7\sim1$ mg/L[9] 或高至 $2\sim6$ mg/L[13,41,62] 条件下,污泥均能实现颗粒化过程,说明 DO 不同于水力剪切力,不是好氧颗粒污泥形成过程的决定性因素。然而,DO 会显著影响好氧颗粒污泥对氮和磷的去除效果[63]。研究证实,高强度 DO 有利于促进硝化反应,但是会限制反硝化过程,相对而言,低强度 DO 可以强化反硝化过程[10,64,65]。

反应器内污泥混合液的 pH 值会显著影响微生物的生长繁殖。OLR 的生化降解过程会产生 CO_2,当溶液不具备缓冲能力或者缓冲能力较弱时,pH 值则会下降[66]。有研究表明,低 pH 值适于真菌的生长繁殖,真菌可释放质子并置换溶液中 $NH_4^+ - N$,继而诱发好氧颗粒污泥的最初形成过程[8,43,66]。在离子交换过程,溶液 pH 值会再次降低。报道称,在 pH 值为 4 的环境下,好氧颗粒污泥中优势群体为真菌,粒径可达到 7 mm,而在 pH 值为 8 的环境下,好氧颗粒污泥的优势群体是细菌,粒径相对较小(4.8 mm),如图 1.9 和图 1.10 所示[67]。

图 1.9　培养 70 天后的以真菌为主和以细菌为主的好氧颗粒污泥照片[67]

(a)未添加 $NaHCO_3$ 的反应器;(b)添加 $NaHCO_3$ 的反应器

图 1.10 培养 70 天后的以真菌为主和以细菌为主的好氧颗粒污泥 SEM 图[67]

(a)未添加 $NaHCO_3$ 的反应器 R1；(b)添加 $NaHCO_3$ 的反应器 R2

微生物的生长繁殖及大部分代谢过程均会受到温度的影响。目前,培养好氧颗粒污泥的研究大多集中在室温范围内(20～25 ℃)。在低温下(8 ℃)培养的好氧颗粒污泥结构不规则,丝状菌会在颗粒上大量繁殖,导致污泥沉降性变差后被淘洗出反应器,最终致使系统失稳[3]。

1.3 好氧颗粒污泥形成过程的优化研究进展

目前针对优化好氧颗粒污泥的形成过程,主要从加速其形成过程的方向展开。

1.3.1 投加辅助材料或改变接种污泥组分

金属离子可以作为最初的晶核供细菌黏附,加速好氧颗粒污泥的形成过程[68-71]。研究指出,Ca^{2+} 的投加量为 100 mg/L 时,经过 16 天的培养可以形成好氧颗粒污泥,而在不投加 Ca^{2+} 的 SBR 中,颗粒化时长延长至 32 天。另外,在 SBR 内投加 Ca^{2+} 后,形成的好氧颗粒污泥具有优异的沉降性及强度[68]。Li 等[72]考察 Mg^{2+} 对好氧颗粒污泥形成过程的影响,发现 Mg^{2+} 同样可以加速 SBR 中好氧颗粒污泥的形成过程,且颗粒粒径大、内部结构紧实(图 1.11)。Wan

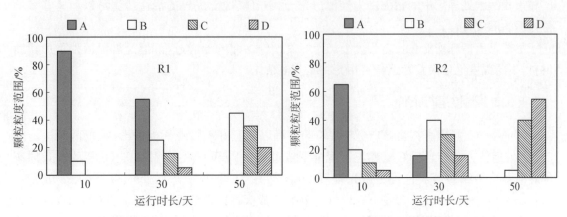

图 1.11 未添加 Mg^{2+} 的反应器 R1 和添加 20 mg/L Mg^{2+} 的反应器 R2 中颗粒粒径分布(重量)[72]

A:$d<0.2$ mm；B:0.2 mm$<d<0.6$ mm；C:0.6 mm$<d<1.5$ mm；D:$d>1.5$ mm

等[73]从钙沉淀作为颗粒内核的角度完善好氧颗粒污泥形成过程的机理,即多种晶体在碱性环境下形成无机内核供微生物附着,随后这些微生物分泌 PS 逐渐形成好氧颗粒污泥的框架。其中,附着在内核上的功能菌主要有 *Sphingomonas* sp.、*Paracoccus* sp.、*Sinorhizobium americanum* strain 和 *Flavobacterium* sp.,这些菌体会促进胞外循环双鸟苷酸环化酶(c-di-GMP)合成、Psl 和 Alg 基因表达和 PS 分泌量,继而加速好氧颗粒污泥的形成。

Liu 等[74]证实投加 500 mg/L 的聚合氯化铝(poly aluminum chloride,PAC)可以加速好氧颗粒污泥的形成过程,颗粒化时长由 17 天缩短到 7 天,好氧颗粒污泥的平均粒径为 3.2 mm,不投加 PAC 的反应器内形成的颗粒较小(2.7 mm),如图 1.12 所示。而且,PAC 会明显提高好氧颗粒污泥的沉降性、紧实性、机械强度以及 EPS 分泌量。且投加 PAC 对 COD 和 NH_4^+-N 处理效果的影响较小。Liu 等[75]随后考察 PAC 对破碎好氧颗粒污泥再次颗粒化的影响,发现 PAC 会促进电荷中和并诱导架桥作用,继而改变污泥表观特性。重组后的好氧颗粒污泥的粒径大、结构紧实,且出水效果显著提高。

通过改变接种污泥组分也可以加速好氧颗粒污泥的形成过程。Ivanov 等[76]在接种污泥中混入具有高自聚和共聚能力的纯菌培养基(*Klebsiella pneumoniae* strain B 和 *Pseudomonas veronii* strain F,自聚指数分别是 65% 和 51%,共聚指数为 58%),仅经过 8 天便培养出平均粒径为 446 μm 的好氧颗粒污泥。Coma 等[77]选取两个 SBR,在反应器 R1 中完全接种絮状污泥,反应器 R2 的接种污泥,10% 为破碎颗粒,90% 为絮状污泥。结果发现,虽然两个反应器均可以培养出好氧颗粒污泥。但是 R1 中始终存在絮状污泥,处理效果达到稳定时对氮和磷去除率分别为 75% 和 93%,而 R2 中的污泥实现完全颗粒化,且耗时较短,氮和磷去除率分别达到 84% 和 99%。另外,添加 10% 的破碎颗粒作为接种污泥,不仅可以防止微生物流失,还能维持反应器稳定的处理性能。Verawaty 等[78]将碾碎颗粒作为接种污泥,利用 CLSM 观察 80 天内污泥形态变化,结果显示絮状污泥会黏附在接种污泥表面,降低其在颗粒化过程中被淘洗出反应器的概率,进而明显缩短好氧颗粒污泥的形成过程,且能保持反应器较好的处理性能。Liu 等[79]将长时间储存的好氧颗粒污泥作为接种污泥,培养 2 天后好氧颗粒污泥的活性便能完全恢复,运行 5 天后反应器内部会形成新生好氧颗粒污泥,且这些新生的好氧颗粒污泥在成熟稳定后,粒径和形态与接种污泥相近。Song 等[80]分别选取啤酒污水处理厂和市政污水处理厂中的污泥作为接种污泥,证实沉降性能优异的活性污泥可以加速好氧颗粒污泥的形成过程。

尽管以上措施均能在一定程度上加速好氧颗粒污泥的形成过程,但是需要额外添加辅助材料,不同程度地增大实际运行费用并将工艺复杂化。

1.3.2 调控运行条件

Qin 等[13,53]指出直接将 ST 设定在较低值可以缩短好氧颗粒污泥的形成过程,而逐步降低 ST 的运行方式会延长好氧颗粒污泥的形成过程。Yang 等[81]通过提高 OLR 的方式加速了好氧颗粒污泥的形成过程。研究发现 OLR 骤升后,会刺激 *Pseudomonas*、*Clostridium*、*Thauera* 和 *Arthrobacter* 分泌 c-di-GMP 并合成大量的藻酸盐样胞外多糖(ALE),这些黏性物质作为好氧颗粒污泥的前驱体,显著促进好氧颗粒污泥的形成过程,由此认为微生物大量分泌 ALE 是加速颗粒污泥形成过程的必要因素。

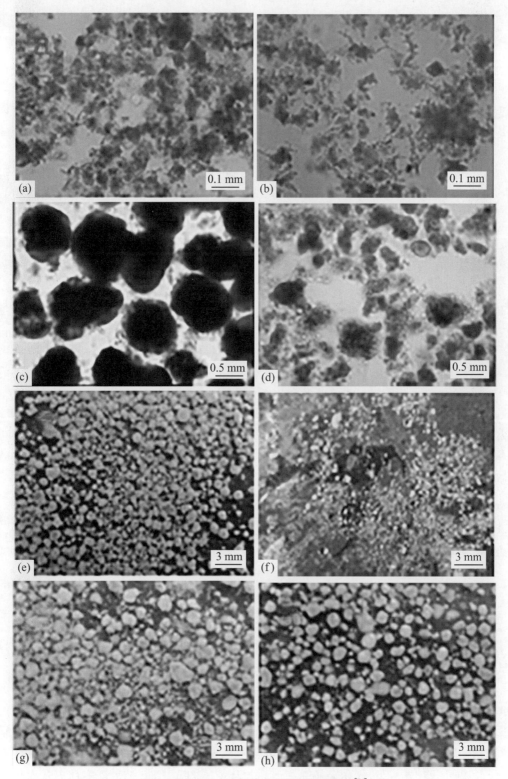

图 1.12　SBR 中不同培养时间的污泥照片[74]

添加 PAC 的反应器：(a) 2 天，(c) 20 天，(e) 30 天，(g) 50 天；不添加 PAC 的反应器：(b) 2 天，(d) 20 天，(f) 30 天，(h) 50 天

Gao 等[82]分别考察提高 OLR(R1)、降低 ST(R2)、延长饥饿时长(R3)和提高剪切力(R4)四种运行方式对好氧颗粒污泥形成的影响,结果显示四种方式下均能培养出好氧颗粒污泥,颗粒化过程分别经历 21 天、11 天、16 天和 16 天,但不同的运行方式对好氧颗粒污泥的形成过程和特性具有不同的影响。例如,逐渐降低 ST 的反应器 R2 内颗粒形成速度最快,且 EPS 含量最高,在延长饥饿时长或提高剪切力的运行模式下获得的颗粒完整度高、粒径小,逐步提高 OLR 的反应器 R1 内好氧颗粒污泥的粒径较大(图 1.13)。

图 1.13 驯化 100 天后 R1、R2、R3 和 R4 中的颗粒污泥图[82]

1.3.3 耦合选择压

通过以上研究可以看出,虽然好氧颗粒污泥的形成受到众多因素的影响,但是好氧颗粒污泥的形成过程并不取决于单一因素,而是多重因素共同作用的结果。

Zhang 等[83]研究 OLR 和水力选择压对好氧颗粒污泥形成过程的影响,证实在由高负荷污水[$OLR = 24 \text{ kg COD}/(m^3 \cdot d)$]、短周期时长(30 min)和短 ST(1 min)产生耦合选择压的作用下,7 h 内便可培养出好氧颗粒污泥,但是其稳定性差,2 天内发生破碎现象。Liu 等[84]采用强水力选择压和高负荷的耦合运行模式培养出好氧颗粒污泥,并考察这种培养方式在不同 ST、配水基质、反应器类型、体积交换律和剪切力环境下的适用性,结果证实此方式对优化培养好氧颗粒污泥并加速其形成过程是行之有效的。但是,高负荷条件下形成的颗粒不稳定,14 天后结构会变得蓬松。

Long 等[85]通过间歇式接种好氧颗粒污泥,并施加选择压,加快了好氧颗粒污泥在中试规模下的形成速度(18 天)。其快速形成机理包括晶核假说和选择压假说,即在实验过程中投加成熟好氧颗粒污泥,可以作为悬浮污泥的晶核,促进新生颗粒的形成;较短的 ST、较高的水力剪切力和厌氧-好氧(anaerobic-aerobic,A/O)运行模式构成水力选择压对污泥进行筛选;通过控制基质浓度和厌氧进食机制营造生物选择压(厌氧环境下,较高基质浓度可以提高基质转移驱动力,同时抑制丝状菌繁殖)。结合以上因素的共同作用,最终保证好氧颗粒污泥的快速形成。

Lochmatter 等[63]利用正交实验考察污染物负荷、曝气机制、投加烯丙基硫脲、曝气速率、降低 ST 方式、pH 值和温度对好氧颗粒污泥形成过程的影响,确定有利于颗粒污泥快速形成的条件包括:①好氧阶段高低 DO 交替运行;②运行起始 7 天内沉淀时间的设定以防止过分排泥为基准;③培养初期严格控制污染物浓度,确保好氧曝气开始前 COD 全部耗尽;④20 ℃;⑤中性 pH 值。

耦合以上选择压可以加速好氧颗粒污泥的形成过程,颗粒化时长小于 30 天。好氧颗粒污泥的形成过程中采用的高剪切力[20,60]和厌氧进食模式有利于生长速率慢的聚磷菌(phosphorus accumulating organisms,PAOs)和聚糖菌(glycogen accumulating organisms,GAOs)大量繁殖[12],这是形成结构稳定、紧实好氧颗粒污泥的关键条件。另外,曝气机制会显著影响反硝化性能[86],弱碱性和低温条件也有利于富集 PAOs[87]。但是,以上运行模式时期较短(约 50 天),且需要人为调控有机负荷以确保 COD 在厌氧阶段完全脱除,使操作管理复杂化。而且,曝气机制和 DO 依然存在再优化的可能性。

1.4 好氧颗粒污泥稳定性强化的研究进展

好氧颗粒污泥失稳原因主要包括丝状菌大量繁殖[88]、颗粒内部厌氧内核水解[89,90]、功能菌丧失[91]和 EPS 成分改变[2]。目前关于强化长期运行过程中好氧颗粒污泥稳定性的策略主要包括提供适宜的运行条件、筛选富集生长速率慢的微生物、抑制颗粒内部厌氧活性和强化颗粒内核[2,4]等方式。

1.4.1 提供适宜的运行条件

Li 等[92]发现在低 OLR[<0.5 kg COD/(m³·d)]条件下可以培养出以真菌为主体的好氧颗粒污泥,而在 OLR 为 2 kg COD/(m³·d)的条件下运行 100 天后,好氧颗粒污泥中真菌会逐渐消失,由此推断相对较高的 OLR[>2 kg COD/(m³·d)]是控制真菌膨胀并提高好氧颗粒稳定性的有效手段(图 1.14)。

Adav 等[93]研究发现较低的 OLR[<2 kg COD/(m³·d)]会限制丝状菌繁殖,适当提高 OLR 后,细胞会迅速繁殖,但是过度提高 OLR[>20 kg COD/(m³·d)]会使部分菌体的特性及功能发生紊乱,最终导致颗粒解体,由此指出培养好氧颗粒污泥时 OLR 的适宜取值范围是 5~10 kg COD/(m³·d)。Zheng 等[89]利用蔗糖培养好氧颗粒污泥时发现,在 OLR 为 6 kg COD/(m³·d)的条件下,好氧颗粒污泥中细菌逐渐被丝状菌代替,最终出现颗粒解体现象(图 1.15)。Moy 等[48]指出以乙酸盐培养的好氧颗粒污泥对 OLR 最大承受能力为 9 kg COD/

图 1.14　经过 120 天培养的好氧颗粒污泥照片[92]
(a)、(c)接种污泥为以细菌为主体的大粒径好氧颗粒污泥；(b)、(d)接种污泥为以真菌为主体的大粒径好氧颗粒污泥

$(m^3 \cdot d)$。Liu 等[84]在强水力选择压和高 OLR 的运行方式下培养的好氧颗粒污泥在运行 14 天后失稳，适当调整 OLR，使 OLR 从 12 kg COD/$(m^3 \cdot d)$降低至 6 kg COD/$(m^3 \cdot d)$，好氧颗粒污泥稳定运行了 6 个月，由此认为，好氧颗粒污泥的形成过程和长期稳定运行需要的适宜条件不同。Kim 等[94]考察不同强度的 OLR 对 A/O 运行模式下好氧颗粒污泥形成过程的影响，提出最适 OLR 为 2.52 kg COD/$(m^3 \cdot d)$。比较以上结论可见，不同运行模式下成功培养好氧颗粒污泥并维持其稳定所需最适 OLR 不同，培养稳定的好氧颗粒污泥需要仔细斟酌 OLR 的选取值。

Liu 等[88]发现 DO 较低时会引起丝状菌大量繁殖，最终导致反应器崩溃，且此现象普遍发生在 OLR 较高的情况下。Mosquera Corral 等[65]同样指出 DO 低于饱和度的 40%时会导致好氧颗粒污泥失稳，主要是因为在低 DO 环境下，生长速率快的微生物(如丝状菌)会迅速繁殖，使好氧颗粒污泥向易被淘洗的絮状增殖方向发展。Wan 等[95]指出 DO 较低(2 mg/L)时，提供 $NO_3^- - N$ 或者亚硝氮($NO_2^- - N$)作为电子受体可以促进好氧颗粒污泥的形成过程，且颗粒内部发生的反硝化过程也有利于好氧颗粒污泥的形成。当不存在 $NO_3^- - N$ 或者 $NO_2^- - N$

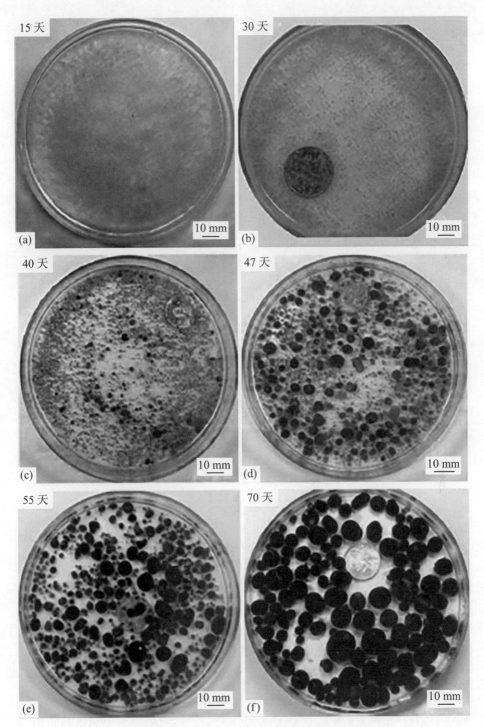

图 1.15 活性污泥在反应器中的演化[89]

时,异养菌繁殖仅出现在颗粒表面的薄层内,当污泥混合溶液中存在 $NO_3^- - N$ 或 $NO_2^- - N$ 时,异养菌则会进入颗粒内层促进异养性繁殖。Dulekgurgen 等[61]认为好氧颗粒污泥的形成过程由 DO 主导,而不是由剪切力决定。

1.4.2 筛选富集生长速率慢的微生物

好氧颗粒污泥是一种特殊的生物膜。Picioreanu 等[96]指出,以慢速增殖的生物量结合扩散运输方式,形成的生物膜比较稳定。在好氧颗粒污泥中富集繁殖速率慢的微生物可以提高颗粒密实度和稳定性[2,97]。比如在低 DO 环境下筛选类似于 PAOs 和 GAOs 等慢速生长的微生物[12]便可以达到以上效果。

也有研究指出,慢速生长的好氧颗粒污泥结构强度大、沉降性能好、比重高。Liu 等[98]通过逐渐提高 N/COD 的方式,在好氧颗粒污泥中富集生长速率慢的硝化菌体,此后好氧颗粒污泥的生长速率和粒径增长趋势随之降低(图 1.16),由此推断此类菌体与颗粒慢速增长相关。Wang 等[97]研究发现,逐渐提高 NH_4^+-N 负荷(从 50 mg/L 增至 200 mg/L)不仅可以筛选硝化菌,又能有效地抑制丝状菌的繁殖,继而实现污泥颗粒化并提高其稳定性。当 NH_4^+-N 投加量低于 50 mg/L 时,好氧颗粒污泥会发生丝状菌膨胀,颗粒运行至 131 天时开始破碎,而 NH_4^+-N 投加量高于 200 mg/L 时,FA 的抑制作用会限制好氧颗粒污泥的形成。

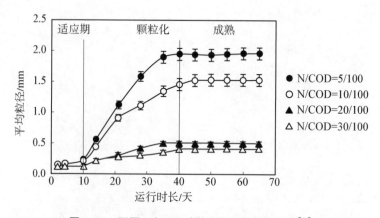

图 1.16　不同 N/COD 时微生物颗粒粒径变化[98]

此外,利用 NO_3^--N 或者 NO_2^--N 的反硝化菌体同样可以具有较慢的繁殖速率,而且强化反硝化菌体在缺氧环境下还原 NO_3^--N 或者 NO_2^--N 可以降低曝气产生的能耗[4]。Adav 等[93]检测到颗粒外层中寄居着硝化菌和反硝化异养菌,在交替的好氧-缺氧(O/A)运行模式下此类好氧颗粒污泥可以有效地将 NH_4^+-N 转化为 N_2。

1.4.3 抑制厌氧生长

颗粒外层活性高,会消耗大部分 DO,结合传质阻力,使颗粒内层呈现厌氧状态[99,100]。在无外源基质的环境下,长期处于饥饿状态的菌体会进行内源性呼吸,消耗 EPS,易使颗粒内部出现空洞(图 1.17)[101]。抑制颗粒内部厌氧活性可以显著提高好氧颗粒污泥长期稳定性,但是目前关于抑制好氧颗粒污泥内部厌氧活性的研究成果较少。Adav 等[102]发现在较低温度下(−20 ℃),以苯酚培养的好氧颗粒污泥比以乙酸盐培养的好氧颗粒污泥更易于保存,且提供适宜浓度的苯酚可以抑制颗粒内部微生物厌氧活性,提高储存过程中好氧颗粒污泥的稳定性。

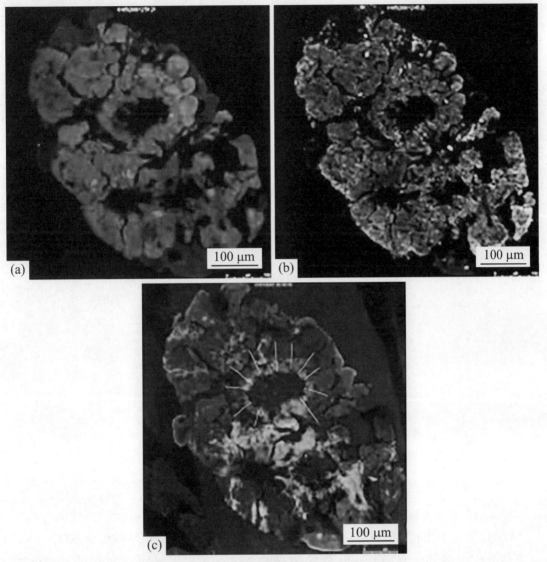

图 1.17 饥饿 14 天好氧颗粒污泥的 CLSM 图[101]

另外,有研究指出排除大粒径污泥可以降低内部厌氧菌株产生的威胁[4]。Zhu 等[103]在反应器底部选择性排除老化颗粒,提高颗粒的稳定性,但是其反应器仅运行 60 天,缺乏对好氧颗粒污泥长期运行稳定性的考察。

1.4.4 强化厌氧内核

强化厌氧内核的研究主要是围绕对 EPS 展开的,这是因为 EPS 是组成好氧颗粒污泥骨架的主要物质,决定其运行过程的稳定性[104,105]。好氧颗粒污泥失稳与 PS 和 PN 的浓度变化密切相关[101]。Adav 等[106]选择性水解 α-PS、PN 和油脂均不会影响颗粒污泥的三维结构,但是在选择性水解 β-PS 后,好氧颗粒污泥发生破碎,因此推断 β-PS 构建好氧颗粒污泥的骨架,α-PS、PN 和油脂镶嵌在骨架中为好氧颗粒污泥结构提供支撑作用。Lin 等[107]指出微生物分泌的藻朊酸盐类似物会与 Ca^{2+} 发生反应,可提高好氧颗粒污泥的稳定性。Jiang 等[68]证实 Ca^{2+} 会提高好氧颗粒污泥中 PS 含量。Ren 等[108]发现富含 Ca^{2+} 的好氧颗粒污泥具有较高的压缩强度,这可能与颗粒内形成的含钙沉淀相关。但是以上研究需要额外添加辅助材料,会增大操作复杂性和运行费用。

1.5 生物硝化、反硝化和除磷研究

1.5.1 生物脱氮

生物脱氮过程包括硝化和反硝化过程,如图 1.18 所示。

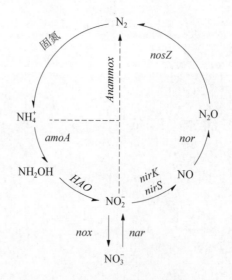

图 1.18　N 循环过程及相关基因[109,110]

硝化反应属于化能自养过程,由微生物在好氧环境下将 $NH_4^+ - N$ 转化为 $NO_3^- - N$,即 AOB 将 $NH_4^+ - N$ 转化为 $NO_2^- - N$,随后 NOB 将 $NO_2^- - N$ 转化为 $NO_3^- - N$。以亚硝化单胞菌(*Nitrosomonas*)和硝化杆菌属(*Nitrobacter*)为代表的硝化反应如反应式(1.1)~式(1.3)所示[109,111]。

反硝化过程是反硝化菌体将硝化产物 $NO_2^- - N$ 和 $NO_3^- - N$ 还原为 N_2 的过程。反硝化菌体属于化能兼性缺氧型微生物,反硝化菌在缺氧环境下以有机碳作为电子供体,将 $NO_2^- - N$ 和 $NO_3^- - N$ 还原为 N_2[反应式(1.4)~式(1.7)][112]。反硝化菌广泛分布在自然界中,没有固定菌属。目前检测到的常见 AOB、NOB 和反硝化菌属见表 1.1。结合反应式(1.1)~式(1.7)可以看出,硝化和反硝化过程分别会引起反应器内混合液的 pH 值下降和上升。

$$55NH_4^+ + 76O_2 + 109HCO_3^- \xrightarrow{AOB} C_5H_7O_2N + 54NO_2^- + 57H_2O + 104H_2CO_3 \quad (1.1)$$

$$HCO_3^- + 400NO_2^- + NH_4^+ + 195O_2 + 4H_2CO_3 \xrightarrow{NOB} C_5H_7O_2N + 400NO_3^- + 3H_2O \quad (1.2)$$

总反应式为

$$NH_4^+ + 1.83O_2 + 1.98HCO_3^- \longrightarrow 0.021C_5H_7O_2N + 0.98NO_3^- + 1.041H_2O + 1.88H_2CO_3 \tag{1.3}$$

$$NO_3^- + 2e^- + 2H^+ \longrightarrow NO_2^- + H_2O \tag{1.4}$$

$$NO_2^- + e^- + 2H^+ \longrightarrow NO + H_2O \tag{1.5}$$

$$NO + e^- + H^+ \longrightarrow 1/2N_2O + 1/2H_2O \tag{1.6}$$

$$1/2N_2O + e^- + H^+ \longrightarrow 1/2N_2 + 1/2H_2O \tag{1.7}$$

表 1.1 已验证的 AOB、NOB 和反硝化菌属[109]

微生物	菌 属
AOB	亚硝化单胞菌(*Nitrosomonas*)、亚硝化球菌属(*Nitrosococcus*)、亚硝化螺旋菌属(*Nitrosopira*)、亚硝化弧菌属(*Nitrosovibrio*)和亚硝化叶菌属(*Nitrosolobus*)
NOB	硝化杆菌属(*Nitrobacter*)、硝化螺菌属(*Nitrospira*)、硝化刺菌属(*Nitrospina*)、硝化球菌属(*Nitrococcus*)和消化囊均属(*Nitrocystis*)
反硝化菌	革兰阴性菌(α- 和 β- *Proteobacteria*：*Pseudomonas*, *Alcaligenes*, *Paracoccus* 和 *Thiobacillus* 等);革兰阳性菌(如 Bacillus)和一些嗜盐古细菌(如 *Halobacterium*)

1.5.2 生物除磷

生物除磷系统不需要投加化学沉淀剂,仅利用微生物便可实现对磷的有效脱除,这类微生物被称为 PAOs。在适宜的环境下,PAOs 能够超过自身生理需要从外部环境中过量摄取磷,将其以聚合磷酸盐的形式存于胞内,形成高磷污泥,通过排泥即可实现对磷的高效去除。

1.5.2.1 PAOs 代谢机理

PAOs 代谢需要交替运行的厌氧-好氧或缺氧环境。在厌氧环境中,PAOs 分解胞内聚合磷酸盐,以磷酸盐(PO_4^{3-}-P)的形式释放到胞外,即厌氧释磷。随后 PAOs 利用释磷产生的能量摄取污水中有机碳源(如挥发性脂肪酸 VFAs),以聚-β-羟基烷酸酯(poly-β-hydroxyalkanoates, PHA)的形式储存于胞内[113]。PHA 是聚-β-羟基丁酸酯、聚-β-羟基戊酸酯和聚-β-羟基-2甲基戊酸酯的总称[1]。在好氧环境中,PAOs 分解 PHA 获得能量,完成自身繁殖、糖原合成、吸磷和聚合磷的存储过程[114]。

虽然厌氧释磷过程中会释放等量酸度和碱度(表 1.2),但是合成 PHA 过程中产生的 CO_2 进入污泥混合液会导致 pH 值下降。好氧吸磷过程中污泥混合液中酸碱度变化(表 1.3)[115]显示,吸磷过程中每消耗 1mol 碱度的同时会消耗 2mol 的酸度,因此好氧吸磷过程会导致溶液中 pH 值上升。

已经验证的 PAOs 主要包括不动杆菌属(*Acinetobacter*)、β-变形菌属(*β-proteobacteria*)、放线菌(*Actinobacteria*)[1]和红环菌属(*Rhodocyclus*)[116]。高效生物除磷(enhanced biological phosphorus removal, EBPR)系统中不动杆菌属的繁殖速率慢,其在好氧环境下对基质的竞争

表 1.2　厌氧释磷过程中胞外泥水混合液碱度、酸度和电荷变化

过程	净 电 荷		
	碱度/mol	酸度/mol	电荷/mol
Hac 进入胞内	0	−1	0
$H_2PO_4^-$ 移出细胞	+1	+2	−1
OH^- 进入胞内	−1	+1	+1
M^+ 移出细胞	0	0	+1
H^+ 进入胞内	+1	−1	−1
总电荷	+1	+1	0

表 1.3　好氧吸磷过程中胞外污泥混合液中碱度、酸度和电荷变化

过程	净 电 荷		
	碱度/mol	酸度/mol	电荷/mol
$H_2PO_4^-$ 移出细胞	−1	−2	+1
OH^- 进入胞内	+1	−1	−1
M^+ 移出细胞	0	0	−1
H^+ 进入胞内	−1	+1	+1
总电荷	−1	−2	0

能力低,但是经厌氧吸收碳源存储 PHA 后,不动杆菌属可以在交替的厌氧和好氧环境下生存并繁殖[1]。红环菌属属于 β-变形菌属亚纲,后续被 Hesselmann 等[117]命名为 *Candidatus Accumulibacter phosphatis*,简称 *Accumulibacter*。

1.5.2.2　反硝化聚磷菌(denitrifying phosphorus accumulating organisms, DNPAOs)

DNPAOs 属于 PAOs,其代谢模式与 PAOs 类似,不同的是在缺氧环境下 DNPAOs 能以 $NO_2^- - N$ 或 $NO_3^- - N$ 代替 O_2 作为电子受体[118],利用同一碳源实现同时反硝化除磷[119],而且以 $NO_2^- - N$ 或 $NO_3^- - N$ 代替 O_2 会降低曝气产生的能耗[113,120],另外,低产能的 DNPAOs 可降低污泥产率[119],由此可见富集并强化反硝化除磷系统中 DNPAOs 具有较强的经济适用性,而且可以显著降低运行成本[1]。

1.5.2.3　$NO_2^- - N$ 对生物除磷的影响

在不同系统中,关于 $NO_2^- - N$ 对 PAOs 和 DNPAOs 的影响存在一定争议。Saito 等[121]考察厌氧-缺氧-好氧(anaerobic-anoxic-aerobic, A/A/O)SBR 中 $NO_2^- - N$ 对 PAOs 的影响,指出 $NO_2^- - N$ 对 PAOs 产生的是毒性作用而非抑制作用,因此好氧和缺氧吸磷过程会受到 $NO_2^- - N$ 的影响,而且相对于缺氧吸磷而言,好氧吸磷对 $NO_2^- - N$ 更敏感。另外,在缺氧环境下 $NO_2^- - N$ 的累积会提高 *Competibacter* (GAOs 中的一类菌体)对 PAOs 的竞争力。Meinhold 等[122]发现 $NO_2^- - N$ 浓度在 5~8 mg/L 范围内会完全抑制缺氧吸磷过程,在 8~9 mg/L 范围内会完全抑制好氧吸磷过程。Yoshida 等[123]指出,在 EBPR 系统中,缺氧活性越

强的 PAOs 对 $NO_2^- - N$ 的敏感性越低,即耐受性越强。Hu 等[118]研究 $NO_2^- - N$ 对厌氧-缺氧(anaerobic-anoxic,A/A)SBR、A/A/O 系统和当地污水处理厂的活性污泥中 PAOs 的影响,结果指出当 $NO_2^- - N$ 浓度低于阈值(115 mg/L)时,它不仅不会抑制 PAOs 除磷过程,反而可以代替 O_2 或者 $NO_3^- - N$ 作为 PAOs 的电子受体。

Zhou 等[124]利用 A/O SBR 培养并富集 PAOs(电子受体仅为 O_2),随后分别考察不同浓度的 $NO_3^- - N$ 或 $NO_2^- - N$ 对缺氧吸磷速率的影响,结果显示两者均可代替 O_2 作为吸磷过程的电子受体,但是投加 O_2 时吸磷速率最高,且投加 $NO_2^- - N$ 的缺氧吸磷速率低于投加 $NO_3^- - N$ 的缺氧吸磷速率。另外,$NO_3^- - N$ 和 $NO_2^- - N$ 的投加量都存在最优值($NO_3^- - N$:30 mg/L,$NO_2^- - N$:20 mg/L),当两者浓度高于最优值时,DNPAOs 依然吸磷,但是吸磷速率会降低。当运行模式由 A/O 变成 A/A 时,其他具有反硝化功能的菌体会限制 DNPAOs 在厌氧环境下释磷,导致 DNPAOs 的释磷和吸磷能力迅速恶化。进一步研究指出,对 PAOs 和 DNPAOs 起到抑制作用的物质实际上是游离亚硝酸(free nitrous acid,FNA),FNA 是质子化的 $NO_2^- - N$[125,126],FNA 的浓度由溶液中 pH 值、温度和 $NO_2^- - N$ 浓度决定[127],即

$$S_{FNA} = \frac{S_{NO_2^- - N}}{K_a 10^{pH}}, \quad K_a = e^{-2300/(273+T)} \tag{1.8}$$

式中:S_{FNA} 代表 FNA 浓度;$S_{NO_2^- - N}$ 代表 $NO_2^- - N$ 的浓度;T 代表温度。

Zhou 等[125]研究 FNA 对污泥中缺氧吸磷的影响,选取厌氧-好氧-长时间沉降(65 min)-短期厌氧闲置(5 min)SBR、A/A SBR、A/O SBR 和厌氧-好氧-缺氧(A/O/A)SBR 四类反应器中的污泥。四类污泥中 PAOs 含量分别占 86%、8%、10% 和 13%。结果显示 FNA 的浓度仅为 1×10^{-3} mg/L(等价于 $NO_2^- - N$ 的浓度为 35.9~52.5 mg/L,pH 值为 8)时便会抑制缺氧吸磷过程,当 FNA 浓度增加至 20×10^{-3} mg/L(等价于 $NO_2^- - N$ 的浓度为 86.1~95.0 mg/L,pH 值为 7)时,缺氧吸磷过程会完全被抑制。Pijuan 等[128]研究高度富集 PAOs 的培养基,发现 FNA 浓度低至 0.5×10^{-3} mg/L(等价于 $NO_2^- - N$ 的浓度为 2 mg/L,pH 值为 7)时就会抑制 PAOs 50% 的合成代谢过程(微生物生长、吸磷和糖原合成)。FNA 浓度增加至 6×10^{-3} mg/L 会完全抑制 PAOs 的活性。由此可见,考察可利用 $NO_2^- - N$ 为电子受体 PAOs 活性时,需要斟酌 $NO_2^- - N$ 的投加量问题。

1.5.2.4 运行模式对生物除磷的影响

Tsuneda 等[129]指出,在 A/O/A SBR 中,好氧曝气起始时,额外投加 40 mg/L 的碳源有利于 DNPAOs 的富集培养。Coats 等[130]在 A/O EBPR 系统中增设后续缺氧段,形成了 A/O/A 运行模式,此方式会强化反硝化过程,实现氮和磷的有效去除,而且添加后续缺氧段产生的反硝化能力显著超过预期拟合值,此时发生的反硝化过程主要由胞内聚合物糖原驱动,且糖原的消耗不会影响系统的 EBPR 能力。另外,整个系统的成功运行依赖于进水存在足够的碳源,因为充足的碳源可以确保上一周期中缺氧段剩余的 $NO_3^- - N$ 在下一运行周期的厌氧段被完全去除,同时不影响对 PAOs 的供给。PHA 和糖原具有推动反硝化(作为电子受体)的潜能。随后,对比了缺氧段分别设置在厌氧段之前和好氧段之后对反硝化除磷的影响,结果显示在厌氧段之前加入缺氧段,DNPAOs 主要利用 PHA 进行反硝化,厌氧储存的 PHA 会被用于还原

$NO_3^- - N$，并在缺氧条件下合成糖原。而在好氧段之后添加缺氧段，反硝化过程是由 PHA 和糖原分别或共同驱使，此种结构的反应器无须额外投加碳源且可提高总氮（total nitrogen，TN）的去除率，由此可见，A/O/A 运行模式可以最大化地将进水中的碳源用于氮磷的去除。

1.5.2.5 生物除磷系统中的共存菌种——GAOs

交替运行的厌氧-好氧或缺氧模式同样适于 GAOs 的生长和繁殖。GAOs 在厌氧环境下分解胞内糖原获得能量，从污水中吸收 VFAs 并以 PHA 的形式储存，GAOs 在好氧环境下分解 PHA 合成糖原[131]。由于 GAOs 的代谢过程中不涉及释磷和吸磷反应，但是却会与 PAOs 竞争碳源，所以往往被视为 EBPR 系统的破坏者[132-134]。然而，后续研究发现存在反硝化聚糖菌（denitrifying glycogen accumulating organisms，DNGAOs），它们可以将 $NO_2^- - N$ 和/或 $NO_3^- - N$ 还原，对污水脱氮具有积极的贡献。Zeng 等[135]研究 A/O SBR 系统时发现，在好氧环境下 $NH_4^+ - N$ 被氧化后没有检测到明显的 $NO_2^- - N$ 和 $NO_3^- - N$ 累积现象，断定发生了同步硝化、反硝化反应。进一步的实验结果显示反硝化过程参与者是 DNGAOs，而不是 DNPAOs。Bassin 等[136]在研究反硝化除磷好氧颗粒污泥系统时发现，反硝化阶段的主要电子受体是 $NO_3^- - N$，而系统中只存在可利用 $NO_2^- - N$ 的 DNPAOs（DNIPAOs），此时 DNGAOs 便起到关键性桥梁作用，即由 DNGAOs 将 $NO_3^- - N$ 还原为 $NO_2^- - N$，而后供 DNIPAOs 利用，实现反硝化除磷。

1.5.3 好氧颗粒污泥脱氮、除磷研究

1.5.3.1 好氧颗粒污泥的脱氮研究

目前，研究者们提出不同的调控方案以强化好氧颗粒污泥的脱氮功能。

Tsuneda 等[41]通过逐渐降低水力停留时间（hydraulic retention time，HRT）提高好氧颗粒污泥的脱氮能力，且获得的硝化颗粒污泥对氮脱除量高达 $1.5 kg/(m^3 \cdot d)$。Wang 等[137]指出，在 A/O SBR 中各个运行周期的初期和中期分别投加部分基质不利于污泥的颗粒化过程，但是可以提高整体脱氮效果。

Jang 等[138]利用 O/A SBR 成功培养出具有硝化和反硝化功能的好氧颗粒污泥，利用微电极技术和荧光原位杂交技术（fluorescent in situ hybridization，FISH）证实 AOB 主要位于颗粒的表面及中层部分，且大部分硝化过程集中发生在距离颗粒表面 $300 \mu m$ 的区域内。

Zhong 等[139]研究发现机械搅拌条件会显著影响好氧颗粒污泥的反硝化能力。此研究考察了四种混合方式（机械搅拌、曝 N_2、低曝气速率和从反应器上部向下部循环上清液以达到混合状态）对 O/A SBR 中好氧颗粒污泥稳定性和反硝化性能的影响，实验结果指出间歇曝气不利于反硝化过程，主要是因为此条件下 DO 含量高且搅拌不均匀。利用曝 N_2 实现污泥混合的运行模式中，反硝化强度最大，但是曝 N_2 费用高，不适于实际应用。通过循环上清液保证缺氧混匀的条件下，反硝化产气会带动小粒径颗粒上浮流出反应器，不利于好氧颗粒污泥的稳定性。相比之下，以机械搅拌维持缺氧环境并保证传质的运行模式下，好氧颗粒污泥的反硝化性能最高，且结构稳定，由此指出缺氧环境提供机械搅拌是维持好氧颗粒物稳定性和强化其缺氧反硝化功能的最佳策略。

1.5.3.2 好氧颗粒污泥的除磷研究

Lin 等[55]研究发现在 P/COD 为 1/100～10/100 的范围内，均可以在好氧颗粒污泥中培

养出 PAOs,好氧颗粒污泥中磷含量在 1.9%～9.3% 之间波动,具体含量取决于进水中 P/COD 值。当 P/COD 值为 2.5% 时,颗粒中磷含量约为 6%。在 A/O SBR 中,Cassidy 等[140]采用 P/COD 值为 2.8% 的比例培养好氧颗粒污泥,得到相近的磷含量值。利用其处理屠宰污水时对 COD 和磷的去除率均高达 98%,对氮的去除率可以达到 97%。

Wu 等[141]在 A/O SBR 中利用合成污水培养出具有除磷功能的好氧颗粒污泥,随后分别从宏观和微观的角度观察 PAOs 的形态、颗粒的形成机理和空间分布。结果发现在厌氧释磷过程中会形成带正电荷的微粒,它们可以作为颗粒的内核促进好氧颗粒污泥的形成过程。从颗粒表面向内部核心延伸,磷的分布量逐渐减少。在颗粒形成过程中需要较小的曝气强度。另外,相对于大粒径颗粒而言,粒径小的颗粒具有比较大的表面积和气孔宽度,传质和生物反应更容易进行。

1.5.3.3 好氧颗粒污泥同步脱氮除磷研究

传质阻力使得好氧颗粒污泥由外向内依次存在好氧层、缺氧层和厌氧层,这种独特的分层结构为好氧菌、兼性厌氧菌和厌氧菌(如 AOB、NOB、PAOs、DNPAOs 和 GAOs 等)同时提供适宜的生存空间,可见好氧颗粒污泥具有潜在的反硝化除磷功能。

Lemaire 等[142]利用 FISH 和微电极技术证实曝气时 O_2 在颗粒中的传质深度约 250 μm,内部是缺氧区域。在粒径大于 500 μm 的好氧颗粒污泥中,*Accumulibacter* spp.(PAOs 中的一类菌体)主要分布在颗粒表层 200 μm 的区域内,而 *Competibacter* spp.(GAOs 中的一类菌体)则占据中心区域。Kishida 等[111]利用微传感器测定 O_2 在粒径为 1 mm 的好氧颗粒污泥中传质深度约为 100 μm,且 PAOs 的生存深度大于 O_2 的传质深度。Yang 等[143]指出好氧颗粒污泥的同步硝化反硝化功能主要源于颗粒中共存的异菌、硝化菌和反硝化菌的代谢过程。同样也有其他研究者检测到好氧颗粒污泥的硝化和反硝化特性[10,138]。但是,除磷过程需要在 A/O 或 A/A 环境下进行,未加任何控制条件下,好氧颗粒污泥虽然具有同步脱氮除磷的功能,但是并不能得到有效强化。

目前,通过调控操作条件或运行参数,研究者们在强化好氧颗粒污泥的反硝化除磷性能方面取得一定的成果。

Lemaire 等[142]在实验室规模下的 O/A SBR 内成功培养出具有同时硝化、反硝化和除磷功能的好氧颗粒污泥,并指出反硝化过程主要由 GAOs 贡献。但是,好氧颗粒污泥形成过程耗时较长(130 天),需要进一步的优化。

Carvalho 等[144]利用 A/O SBR 培养好氧颗粒污泥,随后逐渐以缺氧段代替好氧段,在缺氧初期投加 $NO_3^- - N$,并逐渐提高 $NO_3^- - N$ 投加量,强化好氧颗粒污泥的反硝化除磷功能。批次实验显示反应器内存在不同类型的 PAOs,它们对 $NO_3^- - N$ 的亲和力不同。通过微生物分析,发现分别以乙酸或丙酸为碳源的两个反应器中都含有大量形态不同的 PAOs,以乙酸盐培养的反应器内 PAOs 主要是球状菌,而以丙酸盐为基质的反应器内 PAOs 主要是杆状菌。杆状 PAOs 可利用 $NO_3^- - N$ 作为电子受体,球状 PAOs 会利用 $NO_2^- - N$ 进行反硝化,但是不能利用 $NO_3^- - N$ 作为电子受体。另外,以乙酸盐培养的好氧颗粒污泥不能维持稳定的脱氮除磷性能,可能是因为碳源不同,富集的菌种不同,其新陈代谢过程存在一定差异。

Winkler 等[145]以厌氧持续进水(60 min)—好氧曝气(112 min)—静置沉降(3 min)—排水(5 min)的周期运行模式在 SBR 中培养反硝化除磷好氧颗粒污泥。FISH 显示 GAOs 和

PAOs 分别是反应器上层和下层污泥的优势种群。在 30 ℃下,通过选择性上层排泥的方式可以提高好氧颗粒污泥中 PAOs 与 GAOs 对基质和繁殖空间的竞争优势。Bassin 等[136]在 20 ℃下利用同样运行模式培养出反硝化除磷好氧颗粒污泥,随后将其平分至两个反应器内,温度分别设置为 20 ℃和 30 ℃,发现相对较高的温度(30 ℃)不利于维持好氧颗粒污泥的反硝化除磷能力。鉴于 GAOs 和 PAOs 分别为反应器上下层污泥的优势种群,采取变换排泥的方式(80%的污泥从上部排放,20%的污泥从下部排出反应器)实现对 PAOs 的富集。经过 80 天的筛选,获得以 PAOs 为优势种群的白色成熟好氧颗粒污泥,其粒径较大、结构紧实,且磷去除率达到 90%。为了进一步提高 30 ℃反应器内部污泥的脱氮能力,将 DO 降低到 1.3 mg/L,经过一段时间的驯化,好氧颗粒污泥的反硝化能力显著提高,除磷效率未受到不利影响。

Kishida 等[111]在 A/O/A SBR 中培养富集 DNPAOs 的好氧颗粒污泥,指出以 A/O/A 运行模式培养反硝化除磷好氧颗粒污泥的优势在于其为 PAOs 和 DNPAOs 提供了适宜的环境。其中,厌氧条件下有利于 PAOs 吸收碳源,且可以抑制丝状菌繁殖[85]。在好氧阶段,硝化作用和吸磷过程同时进行,硝化过程合成的 $NO_3^- - N$ 和 $NO_2^- - N$ 可以作为颗粒内部缺氧层中 DNPAOs 的电子受体,不需要额外投加氮氧化物,降低了操作的复杂性。缺氧段可以进一步反硝化,同时消耗 DO,避免下一周期开始时氮氧化物和 DO 对 PAOs 的厌氧释磷过程产生不利影响。由此证实 A/O/A SBR 有利于培养出具有反硝化除磷功能的好氧颗粒污泥,但是此实验运行时间较短(70 天),缺乏对此类反硝化除磷好氧颗粒污泥的长期运行稳定性的考察。

1.6 本书主要内容

好氧颗粒污泥在污水处理过程中明显的技术优势使其发展成为环境领域的研究热点之一。与传统的活性污泥相比,好氧颗粒污泥具有规则致密的生物结构、比重大、沉降速率优异等诸多优点,而且可以在反应器内保持较高的污泥浓度和容积负荷,很大程度地缩小或者省去二沉池。另外,好氧颗粒污泥内部较高的微生物多样性使之具有同时去除有机碳和脱氮除磷的潜能。与利用活性污泥法处理污水的传统工艺相比,好氧颗粒污泥可以简化工艺流程,减小污水处理系统的占地面积和运行投资成本。因此,好氧颗粒污泥被誉为具有发展前景的污水处理工艺之一。自从第一篇关于利用 SBR 反应器培养好氧颗粒污泥的文章报道以来,各国研究者利用不同方式培养出具有不同性能的好氧颗粒污泥,并且对影响其形成过程和稳定性的因素进行深入的探讨。

但是,经过上述对好氧颗粒污泥研究进展分析发现,目前的研究主要注重于考察好氧颗粒污泥的形成条件和特性方面,为了实现好氧颗粒污泥的实际应用,还需突破一些关键性问题。比如辨识好氧颗粒污泥形成的关键影响因子、优化运行操作参数,提高其长期运行过程的稳定性。

本书主要内容在于探索和进一步完善好氧颗粒污泥的优化培养策略,确定控制成熟好氧颗粒污泥形成过程及稳定性的方法,为实现好氧颗粒物污泥的长期稳定运行提供实验数据参考,并将好氧颗粒污泥技术用于模拟生活污水和海水养殖尾水的处理中,为其工程设计提供有效依据。

具体的研究内容如下:

(1) 判定好氧颗粒污泥形成过程中关键影响因子。引入灰关联分析(grey relational analysis, GRA)确定影响因子对污泥体积指数(sludge volume index, SVI)和颗粒化时长的影响,通过比较影响因子的灰关联系数(grey relational coefficient, GRC)和灰熵关联度(grey entropy relational grade, GERG),确定各影响因子对好氧颗粒污泥 SVI 和颗粒化时长的最佳调控范围和影响顺序。

(2) 优化好氧颗粒污泥形成过程中的周期时长设置。在 A/O/A SBR 中,关联环境参数 pH 值、ORP 和 DO 与 COD 消耗、释磷、吸磷、硝化和反硝化等生化反应,合理调整厌氧、好氧和缺氧时长,并将 pH 值、ORP 和 DO 应用于调控污泥的非丝状菌膨胀问题,实现非丝状菌膨胀污泥向好氧颗粒污泥的转化。

(3) 提高好氧颗粒污泥的稳定性。与小粒径好氧颗粒污泥相比,粒径大的好氧颗粒污泥中传质和渗透阻力较大,更易激发内部厌氧微生物活性。长期处于饥饿环境下,颗粒内部微生物会消耗好氧颗粒污泥的骨架物质 EPS,继而削弱好氧颗粒污泥整体结构的强度。当可利用物质耗尽,微生物会发生胞溶、死亡和产气现象,最终导致好氧颗粒污泥的破碎。针对控制成熟粒径不断增长的趋势,依据 GRA 和环境参数获得的优化条件,研究控制反硝化除磷好氧颗粒污泥长期运行过程稳定性的方法。

(4) 改进测定好氧颗粒污泥中反硝化除磷微生物活性的实验方法。分别考察好氧和缺氧环境中,PAOs 和 DNPAOs 在不同电子受体(O_2、$NO_3^- - N$ 和 $NO_2^- - N$)单独或共存条件下的除磷和反硝化性能。在不破坏好氧颗粒污泥整体完整性的前提下,确定准确评估整体 PAOs 活性的实验方法。同时设置不投加 $PO_4^{3-} - P$ 的实验对照组,考察了除 DNPAOs 之外的其他反硝化微生物的活性,从而准确评估 DNPAOs 的反硝化能力。

(5) 考察电气石对好氧颗粒污泥的驯化和反硝化除磷效能的影响。电气石是一种结构和化学成分复杂的环状硅酸盐矿物,存在永久自发电极。它的物理化学稳定性较高,可重复利用,无二次污染。电气石能够促进微生物新陈代谢和繁殖能力。此外,电气石可以通过表面负极和络合作用吸附重金属离子,减小工业废水对生态环境、公共健康和经济发展带来的影响。可见,电气石是生态友好且优良的绿色环保材料。因此,电气石在众多领域中都展现了较好的应用前景。然而,关于电气石对颗粒污泥培养影响的研究亦鲜有报道。拟利用 SBR 反应器,以厌氧/好氧/缺氧(A/O/A)交替运行的模式培养具有反硝化除磷功能的颗粒污泥,考察电气石对颗粒化过程以及功能菌体的影响。

(6) 采用海水养殖底泥为接种污泥,富集强化耐盐性慢速生长的反硝化除磷菌群。通过调节 HRT、SRT、C/N 等参数优化运行条件,在 SBR 中定向培养出稳定的耐盐性好氧颗粒污泥,并以之处理海水养殖尾水中的有机物、氮和磷等污染物,实现以废治废的目标。且在实验期间,考察系统内耐盐脱氮除磷菌的微生物结构、功能和组成,通过典型周期实验分析反硝化除磷过程,明确高盐度环境下的反硝化除磷作用机理。

第 2 章

好氧颗粒污泥培养和分析表征方法

2.1 引言

活性污泥在颗粒化过程中,需要相关的反应器设备对其进行驯化。另外,需要对颗粒污泥形成前后的表观形态、粒度、污染物处理效果的演变进行表征、分析和测定。本章主要介绍本书后续章节均涉及的反应器、分析表征方法、水质指标测定方法等内容,在后续章节的实验设备和材料中不再赘述,特殊实验操作会在后续章节分别介绍。

2.2 SBR 反应器

实验中采用的间歇式反应器 SBR 由有机玻璃构成,实验装置如图 2.1 所示。其中由液位计控制进水和排水位点,由时间继电器控制机械搅拌、好氧曝气、污泥沉降和电磁阀(排水)的始末和时长。合成污水经蠕动泵及反应器底部注入。搅拌速率由精密搅拌仪控制,将厌氧和缺氧阶段的污泥保持在悬浮混匀状态。好氧曝气时,空气通过曝气泵从反应器底部经曝气头注入反应器,好氧曝气速率由空气流量计调控。污泥沉降后通过电池阀排水,排水口位于反应

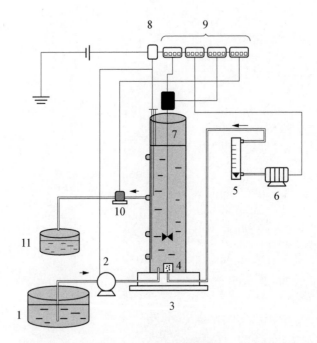

图 2.1 SBR 反应器装置
1—进水桶;2—蠕动泵;3—SBR 反应器;4—曝气头;5—气体流量计;6—曝气泵;7—搅拌器;8—液位计;9—时间继电器;10—电磁阀;11—出水集水桶

器中部,体积交换律等于 50%。

2.3 实验配水成分

本书中用到的低强度生活污水采用人工模拟合成废水,其中,COD(乙酸钠和丙酸钠分别占 COD 的 25%和 75%),PO_4^{3-}-P(K_2HPO_4 和 KH_2PO_4 各占 50%)和 NH_4Cl 的具体投加量见各章节实验部分。其他物质包括 $NaHCO_3$(NH_4Cl 质量的三倍,作为无机碳源和缓冲剂),$MgSO_4$(10 mg Mg^{2+}/L),$CaCl_2$(10 mg Ca^{2+}/L),EDTA(10 mg/L)和 1 mL 微量元素/L[146]。微量元素溶液包括 1.5 g/L $FeCl_3 \cdot 6H_2O$,0.15 g/L H_3BO_3,0.03 g/L $CuSO_4 \cdot 5H_2O$,0.03 g/L KI,0.12 g/L $MnCl_2 \cdot 4H_2O$,0.058 g/L $ZnCl_2$,0.15 g/L $CoCl_2$ 和 0.06 g/L $Na_2MoO_4 \cdot 2H_2O$。

2.4 常规测试项目及方法

定期测定反应器各阶段始末的水质和污泥特性的变化。选取一个运行周期,依据测定需求在不同阶段(如周期运行起始、厌氧末期、好氧末期或缺氧末期等)取一定体积的泥水混合物,经 0.45 μm 膜过滤,取过滤后水样分析其水质。周期实验开始于进水结束搅拌开始的时间点(记做 0 min),终止于沉降结束的时间点。每间隔一定时间从 SBR 内取泥水混合物,过膜后测定各物质浓度变化情况。COD、NH_4^+-N、NO_2^--N、NO_3^--N、PO_4^{3-}-P、混合液悬浮固体(mixed liquor suspended solids,MLSS)和混合液挥发性悬浮固体(mixed liquor volatile suspended solids,MLVSS)和 SVI 浓度根据标准方法测定[147]。使用相关仪器检测 TN、DO、ORP 和 pH 值等参数,具体分析方法和仪器见表 2.1。

表 2.1 分析参数和方法

分析参数	分析方法	相关仪器
COD	重铬酸钾法	WMX-1 型微波密封消解 COD 速测仪
NH_4^+-N	纳氏试剂分光光度法	Spectrum 722E 可见分光光度计
NO_2^--N	N-(1-萘基)-乙二胺光度法	Spectrum 722E 可见分光光度计
NO_3^--N	紫外分光光度法	UV-1700 UV-visible 分光光度计
PO_4^{3-}-P	钼酸铵分光光度法	721 分光光度计
MLSS、MLVSS	重量法	101-1A 烘箱/SXL-1200 马弗炉
TN	仪器分析	TOC-VCPH,SHIMADZU
DO	仪器分析	FDO-925 DO meter
ORP	仪器分析	SenTix900 ORP meter
pH 值	仪器分析	SenTix940-3 pH meter
SVI	沉降法	量筒,秒表

2.5 污泥粒径和形态

利用马尔文激光粒度仪(MasterSizer 2000, Malvern, UK)测定污泥粒度分布。

利用 CLSM(156 Olympus FV1000, Japan)观测污泥表观形态和微生物分布。进行电子扫描之前,需要对观测样品进行预处理。取约 10 mL 的污泥样品,用磷酸缓冲溶液清洗后,置于 2.5%戊二醛中于 4 ℃下固定 24 h。随后用磷酸缓冲溶液将固定好的污泥样品清洗三遍,每次 10 min,离心(4 000 r/min)后弃去上清液,再依次用体积含量为 50%、70%、80%、90%、95%和 100%的叔丁醇溶液对样品进行脱水,每次脱水 10 min,离心(4 000 r/min)5 min,弃去上清液。之后,在污泥样品中注入稍许 100%叔丁醇溶液,液面高于污泥面 1～2 mm,将样品置于 4 ℃冰箱内,待凝结,放入真空干燥箱内抽真空 1～2 天,直至叔丁醇完全升华。随后,用导电胶将污泥样品固定在样品台上,置于离子溅射仪(ION SPUTTER, JFC-1100)内进行喷金,随后,利用扫描电子显微镜(scanning electron microscope, SEM, Quanta 450, FEI, USA)观测和拍照。

2.6 EPS 提取与测定方法

微生物分泌的胞外聚合物 EPS 包括 PN、PS、腐殖酸和油脂,其中 PN 和 PS 为 EPS 主要成分。EPS 有助于细胞间黏附,显著影响好氧颗粒污泥的形成过程[148-150]。EPS 具有动态的双层结构,细胞外层紧密结合型 EPS(tightly bound EPS, TB EPS)和分散在 TB EPS 外的松散结合型 EPS(loosely bound EPS, LB EPS)[151]。

EPS 提取采用修正后的热提取法[152,153]。

(1) LB EPS 提取。取 30 mL 污泥混合液,置于 50 mL 离心管内,在 8 000 r/min 下离心 5 min,弃去上清液,在下层污泥中加入 15 mL 0.05%的 NaCl 溶液(与反应器内盐度相近),摇匀后,再用 0.05%的 NaCl 溶液稀释至原体积,0.05%的 NaCl 溶液要提前加热到 70 ℃,确保稀释后的混合液达到 50 ℃。稀释后的污泥迅速在漩涡震荡混合器上震荡 1 min,而后在 4 000 r/min 下离心 10 min。在上清液中提取 LB EPS。

(2) TB EPS 提取。用 0.05%的 NaCl 溶液稀释剩余污泥至原体积,在 60 ℃ 水浴加热 30 min,随后在 4 000 r/min 下离心 15 min,上清液用于测定 TB EPS,同时测定 MLSS 和 MLVSS 以备后续计算。

PN 含量利用修正的 Lowry 法测定[154],标准样品为牛血清蛋白。

(1) 试剂配置。试剂一:5.72 g/L NaOH 和 28.62 g/L $NaCO_3$;试剂二:9.17 g/L $CuSO_4$;试剂三:35 g/L $C_4H_4O_6KNa \cdot 4H_2O$;试剂四:试剂一、试剂二和试剂三体积比 100∶1∶1(现配现用);试剂五:稀释后福林酚试剂(福林酚与去离子水体积比 5∶6),4 ℃保存。

(2) 测定方法。取 2.5 mL 样品于 10 mL 比色管中,注入 3.5 mL 试剂四,旋转混合后,加入 0.5 mL 试剂五,旋转混合 45 min 后,在 750 nm 下测定吸光度,以去离子水作空白对照。石英比色皿厚度为 0.5 cm。本书中 PN=LB PN+TB PN。

PS 含量利用蒽酮法测定,标准样品为分析纯葡萄糖。

(1) 蒽酮试剂配置。在 100 mL 体积比为 94.5%的 H_2SO_4 中加入 125 mg 蒽酮,摇匀至完全溶解,冷却后置于4℃保存备用,现配现用。

（2）测定方法。取2 mL样品置于10 mL比色管中,注入1 mL蒽酮试剂,混合均匀后,在100℃水浴锅中加热14 min,随后在4℃下冷却5 min,然后,在625 nm下测定吸光度,以去离子水作空白对照。石英比色皿厚度为0.5 cm。

本书中,PN＝LB PN＋TB PN,PS＝LB PS＋TB PS。

2.7 比好氧速率测定

利用比好氧速率(specific oxygen uptake rate, SOUR)测定污泥中AOB和NOB活性。在SBR某一运行周期末期取泥,曝气2 h,去除体系中可能残余的NH_4^+-N,并确保吸附在颗粒上的NH_4^+-N全部转化完全[155]。随后用去离子水冲洗三遍,稀释至原体积,曝DO至饱和,停止曝气后插入DO探头并放入转子,瞬间投加30 mg/L的NH_4^+-N或15 mg/L的NO_2^--N,旋紧胶塞,迅速混匀,保证密封环境,置于磁力搅拌器上,计时为0 s,每隔10 s记录一次DO值,当DO降低为0时,停止实验。实验结束后测定MLSS和MLVSS,每组泥样重复三次,取平均值,计算SOUR(NH_4^+-N)和SOUR(NO_2^--N)。

2.8 荧光原位杂交

FISH原理是基于碱基互补配对原则,利用探针(已知的外源DNA或RNA碱基片段且经荧光标记)与待测样品进行杂交,荧光标记的特定寡糖核苷酸探针与待测样品靶序列专一性结合,通过荧光显微镜下检测杂交探针的荧光分析目标微生物种类定性、相对含量或空间分布。

FISH实验中所有物品在使用之前均需经过120℃高压灭菌,冷却后待用。

1) 探针制备

实验中所用特异性探针均购自宝生物工程(大连)有限公司,见表2.2。其中探针EUB338用于标记绝大部分菌体,在实验中作为细菌背景对照。探针PAO651,PAO462和PAO846组成PAOmix,用于标记PAOs。探针GAO989和GAOQ431组成GAOmix,用于标记GAOs。探针NSO190的特异性目标菌是β-Proteobacterial中的AOB,探针Nit3的特异性目标菌是 Nitrobacter spp.(一类公认的NOB),属于α-Proteobacterial。

表2.2 相关FISH寡糖核苷酸探针

探针	序列(5'-3')	染料	目标菌属	文献
EUB338	GCTGCCTCCCGTAGGAGT	FITC	Most bacteria	[156]
PAO651	CCCTCTGCCAAACTCCAG	Cy3	Candidatus Accumulibacter phosphatis	[156]
PAO462	CCGTCATCTACWCAGGGTATTAAC	Cy3	Candidatus Accumulibacter phosphatis	[156]
PAO846	GTTAGCTACGGCACTAAAGG	Cy3	Candidatus Accumulibacter phosphatis	[156]
GAO989	TTCCCCGGATGTCAAGGC	Cy5	Candidatus Competibacter phosphatis	[157]
GAOQ431	TCCCCGCCTAAAGGGCTT	Cy5	Candidatus Competibacter phosphatis	[157]
NSO190	CGATCCCCTGCTTTTCTCC	Cy3	β-Proteobacterial	[158]
Nit3	CCTGTGCTCCATGCTCCG	Cy5	Nitrobacter spp.	[158]

用无菌水将合成探针溶解,1OD=33 μg,为了避免反复冻融探针储备液,将其逐级稀释至 50 ng/μL,装于 1.5 mL 的灭菌后离心管中,避光保存置−20 ℃冰箱内。

2) 药品和玻片准备

配制 DEPC(diethylprocarbonate)水,DEPC 是一种强烈抑制 RNA 酶的高效烷化剂,用于灭活各类蛋白质,在原位杂交过程和之前的处理步骤涉及的所有溶液均由 DEPC 水处理。在 1 L 蒸馏水中加入 1 mL DEPC,迅速猛烈振摇,静置数小时后(室温)经高压灭菌去除降解的 DEPC。一些试剂中可以直接加入 DEPC,其最终浓度一般保持在 0.1%~0.4%即可。

1 mol/L Tris‑HCl 溶液配制。将 121.1 g Tris 溶于 800 mL 无菌水中,利用 HCl 调节 pH 值至 7.2,再用无菌水定容至 1 000 mL,经高温灭菌后,冷却至室温备用。后续 20 mmol/L Tris‑HCl 溶液是将 1 mol/L Tris‑HCl 溶液稀释 50 倍后获得。

配制磷酸缓冲溶液(PBS),pH 值 7.2~7.4。称取 7.605 g NaCl、0.994 g Na_2HPO_4 和 0.36 g NaH_2PO_4 溶于 500~800 mL DEPC 水后,用蒸馏水将其定容于 1 000 mL 容量瓶中。依据甲酰胺浓度不同配制对应的杂交缓冲溶液,在灭菌后的离心管中,配制 1 mL 的杂交缓冲溶液,其中各试剂注入顺序和剂量见表 2.3。溶液配制完毕后,经滤膜(孔径 22 μm)过滤后,于−20 ℃保存。

表 2.3 杂交缓冲溶液配制 (μL)

探针	5 mol/L NaCl	20 mmol/L Tris‑HCl	甲酰胺	10% SDS	无菌水
EUB338	180	20	200	599	599
PAOmix	180	20	350	499	499
GAOmix	180	20	350	499	499
NSO190	180	20	550	249	249
Nit3	180	20	400	399	399

杂交后,需要用杂交清洗液小心洗脱未杂交的探针,杂交清洗液配制过程中要依据甲酰胺浓度不同选择性加入不同剂量的 NaCl。50 mL 杂交清洗液中各试剂注入顺序和剂量见表 2.4。

表 2.4 杂交清洗液配制

探针	5 mol/L NaCl/μL	20 mmol/L Tris‑HCl/μL	10% SDS/μL	无菌水/mL
EUB338	2 250	1 000	50	加至 50
PAOmix	800	1 000	50	加至 50
GAOmix	800	1 000	50	加至 50
NSO190	200	1 000	50	加至 50
Nit3	560	1 000	50	加至 50

玻片表面上可能残留的核苷酸会影响实验结果,在使用之前需要仔细清洗。配制 1%的稀盐酸,将玻片浸泡 24 h,用去离子水反复冲洗,随后经 95%的乙醇溶液脱水,待自然风干后,

置于 120 ℃烘箱内烘干 4 h。

为防止样品在玻片上杂交过程中出现脱落的现象,需要在玻片上包被明胶。首先配制明胶溶液,称量 2.4 g 明胶溶解于 500~800 mL 的水中,加热搅拌至完全溶解,而后加入 2.4 g 明矾,溶解后稀释至 1000 mL。将明胶溶液加热到 60 ℃左右,随后用镊子夹取清洗干净的玻片一角,在明胶溶液中上下浸蘸几次,保证完全包被后,将其竖直放置在架子上,在空气中自然风干后待用。

3) 待测样品固定和杂交清洗

样品固定的目的在于保持样品的细胞结构,最大程度保留其中 DNA 或 RNA,使细胞壁具有良好通透性,易于探针杂交和清洗。取反应器内污泥,在研钵中轻轻捣碎,以便充分观测好氧颗粒污泥内外全部微生物,随后将少许捣碎污泥转至 2 mL 离心管内,注入少量 PBS,超声 2 min 后使生物样品变为悬浮液,随后离心(8 000 r/min,2 min),弃去上清液,再次用 PBS 清洗两遍。在清洗后的样品中注入 1 mL 4%的多聚甲醛,放置在 4 ℃冰箱中固定 2 h。随后弃去固定剂,用 PBS 清洗两次,最后将样品悬浮于等体积的 PBS 和 100%乙醇溶液中,于−20 ℃保存待用。

取适量固定后样品均匀涂于明胶包被的玻片上,避免聚集,自然风干后,依次用 50%、80%和 100%的乙醇溶液脱水。待其干燥后进行杂交。将探针溶液和杂交缓冲溶液以体积比 1∶9 均匀混合,用移液枪取适量混合液均匀涂在玻片上的样品上。然后将玻片放入 46 ℃湿盒中杂交 90 min。作为对照,所有样品第一遍杂交均选取 EUB338 探针,杂交过后用相应杂交清洗液清洗,再进行目标探针的杂交。注意,在进行多个探针杂交时,需要依据甲酰胺浓度由低到高的顺序进行。另外,杂交一次后,需要认真清洗掉未结合的探针。即预先将杂交清洗液加热至 48 ℃,用移液枪吸取少量清洗液轻轻地冲洗杂交过的玻片,随后,将玻片浸泡在清洗液中(48 ℃)10~15 min。随后用镊子取出玻片,用移液枪吸取冰浴无菌水清洗玻片,随后自然风干。

4) 成像拍照

在杂交样品上放置盖玻片,利用 CLSM 观测,随后成像拍照。

第 3 章

基于灰色系统理论识别好氧颗粒污泥的关键影响因子

3.1 引言

与传统活性污泥相比,好氧颗粒污泥结构紧实、生物多样性高、沉降性能好,并能处理高强度有机污水,因此好氧颗粒污泥是一项具有前景的污水深度处理技术[2,3]。但是,好氧颗粒污泥形成过程中的影响因子众多、机理模糊且复杂,难于调控和预测颗粒化程度。

目前的研究结果大多是针对单一因素或者几个影响因子,而且,在国内外有关的研究中,对各影响因子的测量值和范围的分析都是局限在特定的实验条件下,很难定性地描述它们与好氧颗粒污泥形成过程之间的关系。另外,传统的数学统计方法需要大量的数据,只能进行基础性分析,在数据缺失或者不全的条件下则不能发挥其作用。因此,以往的研究结果对好氧颗粒污泥形成过程的推动力缺乏综合性和系统性的认识。

灰色系统理论(grey system theory, GST)由邓聚龙教授于 1982 年提出,包括 GRA 和灰色模型[159]。GRA 适用于定量描述关系模糊且复杂的多参数之间的关联程度,对于缺少代表性且数据匮乏的系统尤为适用[160]。基于一系列复杂且可靠的计算过程获得 GRC 和 GERG,继而可以确定比较数列中各因子对特定目标参数的最佳调控范围和影响顺序。目前,GST 已经广泛应用于诸多领域,比如系统控制[161]、工程分类[162]和环境领域[163],也有研究者将其成功应用在考察 SVI、沉降速率、颗粒粒径及 MLSS 对好氧颗粒污泥形成过程的重要性和彼此间的关联性[164],但是,关于利用 GRA 判定好氧颗粒污泥形成过程中的关键影响因子并确定各关键影响因子的最佳调控范围的研究鲜有报道。

本研究综合不同文献报道的相关数据,利用 GRA 方法,研究分析在好氧颗粒污泥形成过程中各影响因子的重要性,并给出各影响因子的最佳调控范围,期望为优化 SBR 内好氧颗粒污泥的形成过程提供理论依据和数据支撑。

3.2 研究方法

3.2.1 GRA 方法

在灰关联空间内,包含许多数列

$$X_i^{0*} = \{X_i^{0*}(k) \mid i=1, 2, \cdots, m; k=1, 2, \cdots, n\} \tag{3.1}$$

$$X_j^{*} = \{X_j^{*}(k) \mid j=1, 2, \cdots, r; k=1, 2, \cdots, n\} \tag{3.2}$$

式中:X_i^{0*} 代表参考数列;X_j^{*} 代表比较数列;m、r 和 n 分别表示参考参数个数、比较参数个数和全部实验次数。

由于参考参数和比较参数具有不同量纲,在进行灰熵分析之前,需采用均值法分别按照式

(3.3)和式(3.4)进行标准化处理,使之统一为可以比较的量。

$$X_i^0(k) = \frac{X_i^{0*}(k)}{\frac{1}{n}\sum_{k=1}^{n}X_i^{0*}(k)} \tag{3.3}$$

$$X_j(k) = \frac{X_j^*(k)}{\frac{1}{n}\sum_{k=1}^{n}X_j^*(k)} \tag{3.4}$$

数据经标准化处理后,参考数列和比较数列分别为

$$X_i^0 = \{X_i^0(k) \mid i=1,2; k=1,2,\cdots,n\} \tag{3.5}$$

$$X_j = \{X_j(k) \mid j=1,2,\cdots,5; k=1,2,\cdots,n\} \tag{3.6}$$

$X_i^0(k)$ 对 $X_i(k)$ 在 k 点的灰关联系数为

$$\zeta_{ij}(k) = \frac{\min_j \min_k |X_i^0(k)-X_j(k)| + \rho \max_j \max_k |X_i^0(k)-X_j(k)|}{|X_i^0(k)-X_j(k)| + \rho \max_j \max_k |X_i^0(k)-X_j(k)|} \tag{3.7}$$

式中:两极差 $\min_j \min_k |X_i^0(k)-X_j(k)|$ 和 $\max_j \max_k |X_i^0(k)-X_j(k)|$ 分别代表两极最小差和两极最大差;ρ 为分辨系数,是 $\max_j \max_k |X_i^0(k)-X_j(k)|$ 的系数。$\max_j \max_k |X_i^0(k)-X_j(k)|$ 体现系统整体性,ρ 的取值反映系统各因子对关联度的影响程度,ρ 越大,表明各因子对关联度的影响越大,反之则越小。ρ 通常取为0.5。

GRC反映两点之间的距离,表示比较数列与参考数列在 k 点的关联度大小。GRC越大,表明此时比较数列的取值对参考数列的影响越大,通过比较GRC可以确定影响因子对参考参数的最优范围或者最优值。

为避免由灰关联系数值大的点决定总体关联程度的倾向,并充分利用灰关联系数提供的丰富信息,关键影响因子的确定需要从进一步求取的灰熵关联度中比较得出。比较参数的关联系数分布密度为

$$p_{ij}(k) = \frac{\zeta_{ij}(k)}{\sum_{k=1}^{n}\zeta_{ij}(k)} \tag{3.8}$$

j 对 i 的灰关联熵为

$$S_{ij} = -\sum_{k=1}^{n}[p_{ij}(k)\ln p_{ij}(k)] \tag{3.9}$$

j 对 i 的 GERG 为

$$E_{ij} = \frac{S_{ij}}{S_{\max}} \tag{3.10}$$

式中:$S_{\max}$ 为序列极大熵,即当数列中各元素均相等时只与参数个数有关的常数 $\ln n$。灰熵关

联度越大,表明该影响因子与此参考参数的关联性越强,是影响此参数的关键影响因子。

3.2.2 参考数列和比较数列

3.2.2.1 参考数列

SVI 可以有效地指示颗粒化程度和好氧颗粒污泥的沉降性能。接种絮状活性污泥的 SVI 通常为 $80\sim150\ \text{mL/g}$。SVI 较高,表明污泥沉降性差,可能会发生污泥膨胀现象。若 SVI 逐渐降低,说明污泥的沉降性能得到有效改善,污泥结构更加密实。好氧颗粒污泥形成后,内部微生物聚集成团,空间分布致密,SVI 稳定在 $20\sim30\ \text{mL/g}$,并随着污泥有序程度的提高进一步降低。颗粒化时长可以直观地反映好氧颗粒污泥的形成速度。SVI 和颗粒化时长均会直接或间接地受到操作参数的影响。所以,选取 SVI 和颗粒化时长分别组成参考数列 $\{X_1^{0*}(k) \mid k=1,2,\cdots,n\}$ 和 $\{X_2^{0*}(k) \mid k=1,2,\cdots,n\}$。

3.2.2.2 比较数列

研究指出,好氧颗粒污泥的形成过程与运行环境密切相关,但是关于判定影响好氧颗粒污泥形成过程的关键因子存在一定分歧,主要包括 ST、表观气体流速(superficial gas velocity, SGV)、曝气时长(aeration time, AT)、高径比(height/diameter ratio, H/D)和 OLR。ST 作为水力选择压之一,通过将沉降速率慢的絮体淘洗出反应器,选择性截留沉降速率快的污泥,继而影响好氧颗粒污泥的形成过程[13]。曝气强度通常以 SGV 表示,曝气过程为反应器提供适宜的 DO,同时产生的水力剪切力会刺激微生物分泌 EPS,并对颗粒表面的细胞具有剥蚀和修饰作用[11,65,146]。AT 体现污泥处于水力剪切力选择压下的时长,同时也间接地反映饥饿时长。研究指出,在曝气开始的 30 min 内,进水中营养物质就会完全耗尽,剩余较长的饥饿阶段,而适宜的饥饿环境有利于调控 EPS 浓度并诱发好氧污泥的最初形成过程[14]。在 SBR 内,较高的 H/D 会强化水力选择压,筛选沉降性能高的好氧颗粒污泥[8,165]。OLR 会影响微生物的生长速率,对好氧颗粒污泥的形成过程提供生物选择压[45,48]。因此,以上参数分别被不同学者视为好氧颗粒污泥形成过程的关键影响因子。然而,以往的研究只针对单一影响因子进行考察,同时研究各影响因子对好氧颗粒污泥形成过程影响的实验量大、不易实现,且某一特定的实验运行条件会限制实验数据的可比性,对好氧颗粒污泥形成过程的普遍规律及关键影响因子的判定缺乏系统的认识。

在本研究中,选取以上影响因子组成比较数列,$\text{H/D}=\{X_1^*(k) \mid k=1,2,\cdots,n\}(j=1)$、$\text{AT}=\{X_2^*(k) \mid k=1,2,\cdots,n\}(j=2)$、$\text{SGV}=\{X_3^*(k) \mid k=1,2,\cdots,n\}(j=3)$、$\text{OLR}=\{X_4^*(k) \mid k=1,2,\cdots,n\}(j=4)$ 和 $\text{ST}=\{X_5^*(k) \mid k=1,2,\cdots,n\}(j=5)$。数据来自 18 组实验,则 $n=18$。

3.2.3 数据获取

为了避免误差,选取的数据中好氧颗粒污泥均由 SBR 培养,体积交换律为 50%,运行周期包括进水、曝气、沉降和排水四个阶段,接种污泥为絮状污泥,统一以污泥自由沉降 30 min 后的 SVI 计算值作为本部分研究的 SVI 取值。筛选符合以上条件的文献,获得的原始数据见表 3.1。

表 3.1 原始数据汇总

n	$\{X_1^*(k)\}$ H/D	$\{X_2^*(k)\}$ AT	$\{X_3^*(k)\}$ SGV	$\{X_4^*(k)\}$ OLR	$\{X_5^*(k)\}$ ST	$\{X_1^{0*}(k)\}$ SVI	$\{X_2^{0*}(k)\}$ 颗粒化时长
1[14]	30	169	2.5	8	5	32	13
2[45]	13.3333	230	2.359	1.5	2	38.2	50
3[45]	13.3333	230	2.359	3	2	43	25
4[45]	13.3333	230	2.359	4.5	2	57	12
5[91]	20	215	3.4	9	5	34	40
6[166]	24	220	2.974	3	10	65	35
7[167]	20	78	2.4	8	2	60	30
8[167]	20	228	2.4	3	2	30	33
9[167]	20	468	2.4	1.5	2	50	35
10[168]	2.5	171	1.6	1.8	3	40	58
11[169]	9.9658	225	3.2	6	5	27	40
12[169]	9.9658	225	2.4	6	5	41	40
13[170]	24	227	2.4	3	3	49.5	35
14[170]	16	227	2.5	3	3	43.2	35
15[170]	8	227	2.5	3	3	57.3	35
16[170]	4	227	2.5	3	3	57.5	35
17[171]	20	223	1	6	7	53	35
18[172]	20	236	2.4	6	1	52	60

注:AT、SGV、OLR、ST 和颗粒化时长的单位分别为 min、cm/s、kg COD/(m³·d)、min 和天,下同。

3.3 GRA 计算过程

3.3.1 标准化处理

依据式(3.3)和式(3.4)对表 3.1 中参考数列和比较数列进行无量纲化,结果见表 3.2。以 ST 组成的数列 $\{X_5^*(k)\}$ 在点 $k=2$ 为例,有

$$\frac{1}{n}\sum_{k=1}^{n}X_5^*(k) = \frac{1}{18}\sum_{k=1}^{18}X_5^*(k)$$

$$= \frac{1}{18}\times(5+2+2+2+5+10+2+2+2+3+5+5+3+3+3+3+7+1)$$

$$= \frac{65}{18}$$

$$= 3.6111(\min)$$

$$X_5(2) = \frac{X_5^*(2)}{\frac{1}{18}\sum_{k=1}^{18}X_5^*(k)} = \frac{2}{3.6111} = 0.5538$$

表 3.2　标准化处理后数据汇总

n	$\{X_1(k)\}$	$\{X_2(k)\}$	$\{X_3(k)\}$	$\{X_4(k)\}$	$\{X_5(k)\}$	$\{X_1^0(k)\}$	$\{X_2^0(k)\}$
1	1.8722	0.7500	1.0291	1.8170	1.3846	0.6942	0.3622
2	0.8321	1.0207	0.9710	0.3407	0.5538	0.8287	1.3932
3	0.8321	1.0207	0.9710	0.6814	0.5538	0.9329	0.6966
4	0.8321	1.0207	0.9710	1.0221	0.5538	1.2366	0.3344
5	1.2481	0.9541	1.3995	2.0442	1.3846	0.7376	1.1146
6	1.4978	0.9763	1.2235	0.6814	2.7692	1.4101	0.9752
7	1.2481	0.3462	0.9879	1.8170	0.5538	1.3017	0.8359
8	1.2481	1.0118	0.9879	0.6814	0.5538	0.6508	0.9195
9	1.2481	2.0769	0.9879	0.3407	0.5538	1.0847	0.9752
10	0.1560	0.7589	0.6504	0.3975	0.8308	0.8678	1.6161
11	0.6219	0.9985	1.3172	1.3628	1.3846	0.5858	1.1146
12	0.6219	0.9985	0.9879	1.3628	1.3846	0.8895	1.1146
13	1.4978	1.0074	1.0291	0.6814	0.8308	1.0739	0.9752
14	0.9985	1.0074	1.0291	0.6814	0.8308	0.9372	0.9752
15	0.4993	1.0074	1.0291	0.6814	0.8308	1.2431	0.9752
16	0.2496	1.0074	1.0291	0.6814	0.8308	1.2474	0.9752
17	1.2481	0.9896	0.4116	1.3628	1.9385	1.1498	0.9752
18	1.2481	1.0473	0.9879	1.3628	0.2769	1.1281	1.6718

3.3.2　GRC 计算

计算比较数列对参考数列在 k 点处的 GRC 之前,首先需要确定两极最大差和两极最小差。下面以各影响因子对 SVI 的两极差计算为例进行详细说明,比较数列包括$\{X_1(k)\}$、$\{X_2(k)\}$、$\{X_3(k)\}$、$\{X_4(k)\}$和$\{X_5(k)\}$,参考数列为$\{X_1^0(k)\}$。分别将比较数列与参考数列在 k 点处的数值相减后取绝对值($|X_1^0(k)-X_j(k)|$),获得五组差序列(表 3.3)。以$\{X_2(k)\}$与$\{X_1^0(k)\}$在点 $k=1$ 为例,有

$$|X_1^0(1)-X_2(1)|=|0.6942-0.7500|=0.0558$$

表 3.3　$|X_1^0(k)-X_j(k)|$ 计算结果

n	$\|X_1^0(k)-X_1(k)\|$	$\|X_1^0(k)-X_2(k)\|$	$\|X_1^0(k)-X_3(k)\|$	$\|X_1^0(k)-X_4(k)\|$	$\|X_1^0(k)-X_5(k)\|$
1	1.1780	0.0558	0.3348	1.1228	0.6904
2	0.0034	0.1920	0.1423	0.4880	0.2749
3	0.1008	0.0878	0.0382	0.2515	0.3790
4	0.4045	0.2159	0.2656	0.2145	0.6827
5	0.5105	0.2165	0.6619	1.3065	0.6470
6	0.0876	0.4338	0.1866	0.7288	1.3591

(续 表)

n	$\|X_1^0(k)-X_1(k)\|$	$\|X_1^0(k)-X_2(k)\|$	$\|X_1^0(k)-X_3(k)\|$	$\|X_1^0(k)-X_4(k)\|$	$\|X_1^0(k)-X_5(k)\|$
7	0.0535	0.9555	0.3138	0.5154	0.7478
8	0.5973	0.3610	0.3371	0.0306	0.0970
9	0.1634	0.9922	0.0968	0.7440	0.5309
10	0.7118	0.1089	0.2174	0.4703	0.0370
11	0.0362	0.4128	0.7314	0.7770	0.7989
12	0.2675	0.1090	0.0984	0.4733	0.4951
13	0.4239	0.0665	0.0448	0.3925	0.2431
14	0.0613	0.0702	0.0918	0.2558	0.1064
15	0.7438	0.2357	0.2140	0.5617	0.4123
16	0.9978	0.2400	0.2184	0.5661	0.4167
17	0.0983	0.1602	0.7382	0.2130	0.7886
18	0.1200	0.0808	0.1402	0.2347	0.8512

随后，从五组差序列中分别筛选出最大值(1.1780，0.9922，0.7382，1.3065，1.3591)和最小值(0.0034，0.0558，0.0382，0.0306，0.0370)，则

$$\min_j \min_k |X_1^0(k)-X_j(k)|=0.0034$$

$$\max_j \max_k |X_1^0(k)-X_j(k)|=1.3591$$

同理，计算$\{X_1(k)\}$、$\{X_2(k)\}$、$\{X_3(k)\}$、$\{X_4(k)\}$和$\{X_5(k)\}$对$\{X_2^0(k)\}$的差序列(表3.4)和两极差分别为

$$\min_j \min_k |X_2^0(k)-X_j(k)|=0.0011$$

$$\max_j \max_k |X_2^0(k)-X_j(k)|=1.7940$$

表3.4 $|X_2^0(k)-X_j(k)|$ 计算

n	$\|X_2^0(k)-X_1(k)\|$	$\|X_2^0(k)-X_2(k)\|$	$\|X_2^0(k)-X_3(k)\|$	$\|X_2^0(k)-X_4(k)\|$	$\|X_2^0(k)-X_5(k)\|$
1	1.5100	0.3878	0.6668	1.4548	1.0224
2	0.5611	0.3725	0.4222	1.0525	0.8393
3	0.1355	0.3241	0.2744	0.0152	0.1427
4	0.4977	0.6863	0.6367	0.6877	0.2195
5	0.1336	0.1604	0.2850	0.9296	0.2701
6	0.5225	0.0011	0.2483	0.2938	1.7940
7	0.4122	0.4898	0.1520	0.9811	0.2821
8	0.3286	0.0923	0.0684	0.2381	0.3657
9	0.2729	1.1017	0.0127	0.6345	0.4214
10	1.4601	0.8572	0.9657	1.2186	0.7853

(续 表)

n	$\|X_2^0(k)-X_1(k)\|$	$\|X_2^0(k)-X_2(k)\|$	$\|X_2^0(k)-X_3(k)\|$	$\|X_2^0(k)-X_4(k)\|$	$\|X_2^0(k)-X_5(k)\|$
11	0.4926	0.1160	0.2026	0.2482	0.2701
12	0.4926	0.1160	0.1267	0.2482	0.2701
13	0.5225	0.0322	0.0538	0.2938	0.1445
14	0.0233	0.0322	0.0538	0.2938	0.1445
15	0.4760	0.0322	0.0538	0.2938	0.1445
16	0.7256	0.0322	0.0538	0.2938	0.1445
17	0.2729	0.0144	0.5636	0.3875	0.9632
18	0.4237	0.6245	0.6839	0.3091	1.3949

依据式(3.7)计算比较数列对参考数列在 k 点处的 GRC，见表 3.5 和表 3.6。以 SGV 对 SVI 和颗粒化时长分别在 $k=4$ 的 GRC 计算为例，有

$$\zeta_{13}(4) = (0.0034 + 0.5 \times 1.3591)/(0.2656 + 0.5 \times 1.3591) = 0.7226$$

$$\zeta_{23}(4) = (0.0011 + 0.5 \times 1.7940)/(0.6367 + 0.5 \times 1.7940) = 0.5856$$

表 3.5　各参数对 SVI 的 GRC

n	$\{X_1(k)\}$	$\{X_2(k)\}$	$\{X_3(k)\}$	$\{X_4(k)\}$	$\{X_5(k)\}$
1	0.3676	0.9287	0.6732	0.3789	0.4985
2	1.0000	0.7836	0.8309	0.5849	0.7115
3	0.8751	0.8899	0.9515	0.7335	0.6451
4	0.6299	0.7627	0.7226	0.7638	0.5013
5	0.5738	0.7621	0.5091	0.3438	0.5148
6	0.8902	0.6134	0.7884	0.4849	0.3350
7	0.9315	0.4177	0.6875	0.5715	0.4784
8	0.5348	0.6563	0.6717	0.9617	0.8794
9	0.8101	0.4085	0.8796	0.4797	0.5642
10	0.4908	0.8661	0.7613	0.5939	0.9530
11	0.9541	0.6252	0.4840	0.4688	0.4619
12	0.7210	0.8660	0.8778	0.5924	0.5813
13	0.6189	0.9154	0.9427	0.6370	0.7401
14	0.9218	0.9109	0.8853	0.7301	0.8688
15	0.4798	0.7461	0.7642	0.5502	0.6254
16	0.4071	0.7426	0.7605	0.5482	0.6230
17	0.8779	0.8133	0.4817	0.7651	0.4651
18	0.8541	0.8982	0.8330	0.7470	0.4461

表 3.6　各参数对颗粒化时长的 GRC

n	H/D	AT	SGV	OLR	ST
1	0.3731	0.6990	0.8743	0.3819	0.4679
2	0.6159	0.7075	0.6808	0.4607	0.5172
3	0.8698	0.7355	0.7667	0.9845	0.8638
4	0.6439	0.5672	0.5856	0.5667	0.8044
5	0.8715	0.8493	0.7598	0.4917	0.7695
6	0.6327	1.0000	0.7842	0.7542	0.3337
7	0.6860	0.6476	0.8562	0.4782	0.7617
8	0.7328	0.9078	0.9303	0.7912	0.7113
9	0.7677	0.4493	0.9873	0.5864	0.6812
10	0.3810	0.5120	0.4821	0.4245	0.5338
11	0.6463	0.8865	0.8167	0.7842	0.7695
12	0.6463	0.8865	0.8773	0.7842	0.7695
13	0.6327	0.9666	0.9446	0.7542	0.8623
14	0.9759	0.9666	0.9446	0.7542	0.8623
15	0.6541	0.9666	0.9446	0.7542	0.8623
16	0.5535	0.9666	0.9446	0.7542	0.8623
17	0.7677	0.9854	0.6149	0.6992	0.4828
18	0.6800	0.5903	0.5681	0.7447	0.3919

3.3.3　最优值和最佳范围

GRA 中，GRC 反映两点之间的距离，表示比较数列与参考数列在 k 点的关联度大小。GRC 越大，表明此时比较数列的取值对参考数列的影响越大，通过比较 GRC 可以确定影响因子对参考参数的最优范围或者最优值。以 $\zeta_{1j}(k)>0.7$ 为依据确定各参数的最佳调控范围，根据各序列中 GRC 最大值对应的原数据值确定各参数的最优值。

以 SGV 对 SVI 的影响为例，$\zeta_{13}(k)>0.7$ 的 k 点为 $k=2,3,4,6,9,10,12\sim16,18$，从原始 SGV 数列 $\{X_3^*(k)\}$（表 3.1）中查取各点对应的值，获得最优调控范围是 1.6～3.0 cm/s，最大的 $\zeta_{13}(3)$ 对应着 SGV=2.4 cm/s，说明 SGV 的最优值为 2.4 cm/s。以此类推，确定各影响因子分别对 SVI 和颗粒化时长的最优值和最佳范围（表 3.7）。

表 3.7　各影响因子对 SVI 和颗粒化时长的最优范围和最佳值

影响因子	SVI		颗粒化时长	
	最佳范围	最优值	最佳范围	最优值
SGV	1.6～3.0	2.4	2.4～3.2	2.4
AT	169～236	169	215～230	220
OLR	3～6	3	3～6	3
ST	2～3	3	2～5	2
H/D	10～20	13.3	13.3～20	16

3.3.4 GERG 计算

依据式(3.8)计算各影响因子的关联系数分布密度(表 3.8 和表 3.9),以 OLR 对 SVI 关联系数的分布密度 $p_{14}(k)$ 在点 $k=4$ 计算为例,有

$$\sum_{k=1}^{n}\zeta_{14}(k)=\sum_{k=1}^{18}\zeta_{14}(k)=0.3789+0.5849+0.7335+0.7638$$
$$+0.3438+0.4849+0.5715+0.9617+0.4797+0.5939+0.4688$$
$$+0.5924+0.6370+0.7301+0.5502+0.5482+0.7651+0.7470$$
$$=10.9354$$

$$p_{14}(4)=\frac{\zeta_{14}(4)}{\sum\limits_{k=1}^{n}\zeta_{14}(k)}=\frac{0.7638}{10.9354}=0.0698$$

表 3.8 各影响因子对 SVI 的关联系数分布密度

n	$p_{11}(k)$	$p_{12}(k)$	$p_{13}(k)$	$p_{14}(k)$	$p_{15}(k)$
1	0.0284	0.0683	0.0498	0.0346	0.0457
2	0.0773	0.0576	0.0615	0.0535	0.0657
3	0.0676	0.0654	0.0705	0.0671	0.0592
4	0.0487	0.0561	0.0535	0.0698	0.0460
5	0.0443	0.0560	0.0377	0.0314	0.0472
6	0.0688	0.0451	0.0584	0.0443	0.0307
7	0.0720	0.0307	0.0509	0.0523	0.0439
8	0.0413	0.0482	0.0497	0.0879	0.0807
9	0.0626	0.0300	0.0651	0.0439	0.0518
10	0.0379	0.0637	0.0564	0.0543	0.0875
11	0.0737	0.0459	0.0358	0.0429	0.0424
12	0.0557	0.0636	0.0650	0.0542	0.0533
13	0.0478	0.0673	0.0698	0.0583	0.0679
14	0.0712	0.0669	0.0656	0.0668	0.0797
15	0.0371	0.0548	0.0566	0.0503	0.0574
16	0.0315	0.0546	0.0563	0.0501	0.0572
17	0.0679	0.0598	0.0357	0.0700	0.0427
18	0.0660	0.0660	0.0617	0.0683	0.0409

表 3.9 各影响因子对颗粒化时长关联系数的分布密度

n	$p_{21}(k)$	$p_{22}(k)$	$p_{23}(k)$	$p_{24}(k)$	$p_{25}(k)$
1	0.0308	0.0489	0.0408	0.0320	0.0380
2	0.0508	0.0495	0.0484	0.0386	0.0420

(续表)

n	$p_{21}(k)$	$p_{22}(k)$	$p_{23}(k)$	$p_{24}(k)$	$p_{25}(k)$
3	0.0717	0.0515	0.0545	0.0824	0.0702
4	0.0531	0.0397	0.0416	0.0474	0.0654
5	0.0718	0.0594	0.0540	0.0411	0.0625
6	0.0522	0.0700	0.0558	0.0631	0.0271
7	0.0565	0.0453	0.0609	0.0400	0.0619
8	0.0604	0.0635	0.0662	0.0662	0.0578
9	0.0633	0.0314	0.0702	0.0491	0.0553
10	0.0314	0.0358	0.0343	0.0355	0.0434
11	0.0533	0.0620	0.0581	0.0656	0.0625
12	0.0533	0.0620	0.0624	0.0656	0.0625
13	0.0522	0.0676	0.0672	0.0631	0.0701
14	0.0804	0.0676	0.0672	0.0631	0.0701
15	0.0539	0.0676	0.0672	0.0631	0.0701
16	0.0456	0.0676	0.0672	0.0631	0.0701
17	0.0633	0.0690	0.0437	0.0585	0.0392
18	0.0561	0.0413	0.0404	0.0623	0.0318

利用式(3.9)计算各影响因子对 SVI 和颗粒化时长的灰关联熵。以 H/D 对颗粒化时长的灰关联熵 S_{21} 计算为例，有

$$S_{21} = -\sum_{k=1}^{n}[p_{21}(k)\ln p_{21}(k)] = -(0.0308\ln 0.0308 + 0.0508\ln 0.0508$$
$$+ 0.0717\ln 0.0717 + 0.0531\ln 0.0531 + 0.0718\ln 0.0718 + 0.0522\ln 0.0522$$
$$+ 0.0565\ln 0.0565 + 0.0604\ln 0.0604 + 0.0633\ln 0.0633 + 0.0314\ln 0.0314$$
$$+ 0.0533\ln 0.0533 + 0.0533\ln 0.0533 + 0.0522\ln 0.0522 + 0.0804\ln 0.0804$$
$$+ 0.0539\ln 0.0539 + 0.0456\ln 0.0456 + 0.0633\ln 0.0633 + 0.0561\ln 0.0561)$$
$$= 2.8655$$

由此计算得到

$$S_{1j} = (2.8492, 2.8675, 2.8715, 2.8598, 2.8546)$$
$$S_{2j} = (2.8655, 2.8642, 2.8694, 2.8606, 2.8551)$$

利用式(3.10)计算各影响因子对 SVI 和颗粒化时长的 GREG，有

$$E_{ij} = \begin{pmatrix} E_{11} & E_{12} & E_{13} & E_{14} & E_{15} \\ E_{21} & E_{22} & E_{23} & E_{24} & E_{25} \end{pmatrix}$$
$$= \begin{pmatrix} 0.9857 & 0.9921 & 0.9935 & 0.9894 & 0.9876 \\ 0.9914 & 0.9909 & 0.9928 & 0.9897 & 0.9878 \end{pmatrix}$$

3.4 结果讨论

通过计算可知,五个影响因子对 SVI 和颗粒化时长的 GERG 均大于 0.98,说明 SGV、AT、OLR、ST 和 H/D 是好氧颗粒污泥形成过程的关键影响因子。但是,$E_{13}>E_{12}>E_{14}>E_{15}>E_{11}$,$E_{23}>E_{21}>E_{22}>E_{24}>E_{25}$,表明影响因子对 SVI 和颗粒化时长的影响顺序分别是 SGV>AT>OLR>ST>H/D,SGV>H/D>AT>OLR>ST。可见,虽然五个影响因子都会显著影响好氧颗粒污泥的形成过程,但是对 SVI 和颗粒化时长的重要程度不同,因此对于不同的需求,需要选取和调控的参数不同。

3.4.1 SGV 影响分析

SVI 和颗粒化时长的关键影响因子判定结果显示(表 3.7),SGV 对活性污泥形态转变和好氧颗粒污泥形成过程的影响最大,且 SGV 的最优值为 2.4 cm/s,说明较高的 SGV 是形成好氧颗粒污泥的必要条件。Tay 等[149]研究结果显示,在 SGV<0.3 cm/s 的 SBR 内,絮状污泥占主体,当 SGV>1.2 cm/s 时,才能形成好氧颗粒污泥。虽然 Wan 等[173]在较低的 SGV(0.63 cm/s)下获得好氧颗粒污泥,但是 SBR 是以 A/O 模式运行,即在曝气阶段前添加厌氧段,实验条件不同于单纯提供曝气的 SBR 系统,与本研究获得的结果不具有可比性。SGV 会显著影响好氧颗粒污泥形成过程的原因主要归结于以下几个方面:

(1) SGV 为好氧颗粒污泥最初的形成过程提供适宜条件。颗粒的形成会经历最初的吸附过程,曝气过程会引起强烈的湍流,促进污泥之间的碰撞、摩擦和黏附[20]。

(2) 较高的剪切力会促进 PS 等物质的分泌[11,20,149]。PS 具有黏性,在强烈的碰撞下,有利于碎片之间的吸附,使单位体积内物质量增加,SVI 随之降低。

(3) 水力剪切力对形成的颗粒起到修饰作用[174]。颗粒表面的碎片在较高的剪切力作用下不断脱落,曝气产生的剪切力可以促进基质和 O_2 等在颗粒内部的传质深度[2],保证颗粒内部微生物的繁殖,避免由于细胞长期处于饥饿状态发生胞溶导致的内部空穴现象。当颗粒生长与碎片脱落过程达到平衡时,粒径停止增大,形成表面光滑、结构紧实类似于球形的成熟好氧颗粒污泥。通常情况下,剪切力越大,颗粒越密实。

但是,SGV 的设定值不宜过大,有研究指出,较高的 SGV(5.3~7.08 cm/s)下,形成的好氧颗粒污泥会再次转化为絮体[175]。可见,适宜的 SGV 在好氧颗粒污泥形成过程起到至关重要的作用。

3.4.2 AT 和 OLR 影响分析

AT 和 OLR 对 SVI 和颗粒化时长的最佳调控范围显示(表 3.7),适宜的 AT 和 OLR 有利于 SVI 演变和好氧颗粒污泥的快速形成。

如上所述,曝气产生的水力剪切力显著影响好氧颗粒污泥的形成过程,AT 直接反映曝气时长,较短的 AT 会削弱水力剪切力产生的选择压。另外,短曝气时长指示较短的饥饿时间,而饥饿环境是诱发污泥发生最初颗粒化的前提条件。Li 等[14]指出,在接种活性污泥培养好氧颗粒污泥的初期,反应器内污泥浓度低,但是营养物质丰富,此环境有利于微生物分泌 EPS。

但是，EPS 的主要成分 PN 与污泥表面负电荷呈现显著的正相关关系(相关系数 $r=0.91$)，细胞表面电荷越高，斥力越大，不利于细胞之间的吸附。PS 和 PN 与污泥的相对疏水性呈显著负相关($r=-0.98$，-0.99)。为了促进污泥间最初的黏附过程，需要提高相对疏水性[176]并降低表面负电荷，因此需要消耗一部分 EPS 使其积累量处于适宜的水平。在适当的饥饿时间下，微生物可以消耗一部分 PN 和 PS，使 EPS 既可以作为颗粒的骨架，又不会影响微粒之间的吸附。较短的 AT 和较高 OLR 运行条件下，饥饿时间短，不利于好氧颗粒污泥的形成。已有报道指出，较高的 OLR 会引发颗粒结构变化，最终导致系统的崩溃[93]。

但是，OLR 是微生物繁殖的必要营养物质。过分延长 AT 或降低 OLR 也不利于好氧颗粒污泥的形成过程。饥饿时长会随着 AT 的增大或 OLR 的降低而延长，微生物长期处于饥饿状态，会发生胞融现象，导致颗粒结构疏松和失稳，最终会引起颗粒的解体，致使 SVI 上升。虽然 Wang 等[177]以较低的 OLR[$1.05\sim 1.68$ kg COD/($m^3 \cdot d$)]成功培养出好氧颗粒污泥，但是颗粒化时长长达 365 天，可见低水平 OLR 不利于加速好氧颗粒污泥的形成过程。由此可见，应该调整 AT 和 OLR 以达到最佳的颗粒化效果。

3.4.3 ST 影响分析

ST 对 SVI 和颗粒化时长的 GERG 值分别等于 0.9876 和 0.9878，说明在颗粒化过程中，ST 起到重要的作用。ST 会刺激微生物调节自身的代谢机制，改善细胞表面的相对疏水性。Qin 等[13]研究指出 SVI 与 ST 密切相关，较短的 ST 可以提供相对较高的水力选择压。Gao 等[82]研究发现逐渐缩短 ST 可以加速好氧颗粒污泥的形成过程，且形成的好氧颗粒污泥沉降性好、储存稳定性高。

但是相对于 SGV、AT 和 OLR 而言，ST 对颗粒化过程的影响偏低，这可能是因为虽然 ST 可以选择性截留沉降速率较高的颗粒，但是由于颗粒形成速率较慢，较短的 ST 会将沉降速度较慢的新生小颗粒淘洗出 SBR，淘洗速率过高不利于好氧颗粒污泥的形成。另外，大量污泥流失会降低单位体积内生物量，并间接地提高 OLR，若 OLR 超过适宜的浓度范围，则会引发污泥膨胀，导致 SVI 升高。鉴于以上原因，ST 对颗粒化过程的重要性略有降低。

3.4.4 H/D 影响分析

H/D 对 SVI 的 GERG 为 0.9857，说明 H/D 是 SVI 的关键影响因子。在设定的 ST 下，较高的 H/D 会选择性截留沉降速率快的碎片或颗粒。研究指出，污泥最小沉淀速率高于 10 m/h 是好氧颗粒污泥形成的关键[165]。相对而言，选取的五个影响因子中 H/D 与 SVI 的关联度最小。可能是因为接种污泥是结构疏松的絮状体，且新生小颗粒的密实度低，为了不被洗出反应器，新生小颗粒会与周围的絮状体缠绕在一起，而絮状体较轻、体积大，因此削弱了 H/D 对 SVI 的影响。

值得注意的是，H/D 对颗粒化时长的影响程度明显大于对 SVI 的影响程度。另外，H/D 对 SVI 和颗粒化时长的最佳值分别为 13.3 和 16。H/D 与颗粒化时长相对较高的关联性可能归因于以下两个方面：

(1) 较高的 H/D 可以提供生物选择压，筛选出沉降速率大的好氧颗粒污泥，加速好氧颗粒污泥的形成过程。

（2）较高的 H/D 可以延长活性污泥和新形成的颗粒碎片在反应器中的碰撞和修饰过程，有利于快速形成表面平滑、结构紧实的颗粒[170]。

Beun 等[165]建议在 SBR 系统中选取较高的 H/D，因为较高的 H/D 可以强化对具有不同沉降速率颗粒的选择压，且在不额外提供沉淀池的条件下，较高的 H/D 可以缩减 SBR 足迹，并提高 SBR 的体积利用率。

3.5 本章小结

好氧颗粒污泥的形成是多因子协同作用的结果，不单独取决于某一特定因子。在了解各影响因子对 SVI 和颗粒化时长的影响大小和顺序后，可以之作为指导，深入分析好氧颗粒污泥的形成过程。

GRA 可以有效分析并判断好氧颗粒污泥形成过程中的影响因子，通过可靠的计算与拟合过程，确定各影响因子对好氧颗粒污泥形成过程的影响顺序，并给出合理的最优值和最佳调控范围。

H/D、SGV、AT、OLR 和 ST 是好氧颗粒污泥形成过程的关键影响因子，但是对 SVI 和颗粒化时长的影响顺序不同，对于前者的顺序为 SGV＞AT＞OLR＞ST＞H/D，对于后者的顺序为 SGV＞H/D＞AT＞OLR＞ST。相对于 SVI 而言，较高的 SGV 和 H/D 有利于加速好氧颗粒污泥的形成过程。

第 4 章

基于环境参数优化培养好氧颗粒污泥

4.1　引言

在微生物反应器中,pH 值可体现好氧和缺氧环境中微生物的反应特性,比如氨化和反硝化过程会引起 pH 值上升,而硝化过程会导致 pH 值下降[178,179]。ORP 可区分厌氧、缺氧与好氧的交替过程,灵敏地指示运行环境的变化(过载、欠载、曝气过强或不足),也能体现反应器内 DO、有机物、微生物活性以及一些毒性物质的变化[180-182]。研究指出,活性污泥系统中 pH 值、ORP 和 DO 的变化趋势与生化反应相关[183,184]。以 DO、ORP 和 pH 值为特征环境参数可以指示硝化和反硝化反应终点[181,185,186]。Won 等[187]利用 pH 值和 ORP 调控生物脱氮 SBR 系统,运行周期包括进食—缺氧—厌氧—好氧—沉淀,以 pH 值出现断点作为好氧阶段指示终点,并以 ORP 曲线上拐点作为缺氧阶段指示终点,经过调节后 SBR 的脱氮效果显著提高。Tanwar 等[188]指出,在间歇循环式生物反应器内,pH 值和 ORP 曲线变化与 NH_4^+-N 和 NO_3^--N 的浓度变化相关,在 SRT 分别为 10 天、15 天和 20 天的条件下,pH 值、ORP 和 DO 变化趋势几乎不受影响。Ga 等[189]通过利用 pH 值在线监测屠宰污水的生物处理过程,成功实现脱氮过程,并指出好氧环境下选取 pH 值作为指示参数比 ORP 的可靠性强,但是 ORP 更适用于判定反硝化终点。Chang 等[178]证实当反应器运行至稳定阶段,每个周期内 pH 值和 ORP 曲线变化趋势具有重复性。亦有研究发现,与设定为固定运行参数系统相比,基于 pH 值和 ORP 曲线上断点和设定点的调控技术可以提高整体污染物脱除效能[181,190,191],对 SBR 进行自动控制可以有效降低运行成本并优化反应进程[192]。

SBR 内好氧颗粒污泥在处理有机污水时,微生物的代谢过程会导致还原型物质(如 COD)和氧化型物质(如 DO、氮氧化物)浓度的变动,同时引起溶液酸碱度的波动。ORP 与还原型物质和氧化型物质浓度的变化密切相关,溶液酸碱度的变化直接导致 pH 值趋势的转变。简言之,好氧颗粒污泥中微生物的代谢活动会引起溶液中环境参数(pH 值、ORP 和 DO)发生有规律的变化[178]。当相应的生化反应结束,依然进行曝气或者搅拌属于资源和能源的浪费[181,193],应该依据生化反应的实际运行情况合理调节曝气和搅拌时长。但是,有关基于环境参数优化调控好氧颗粒污泥形成过程的研究比较匮乏。

在好氧颗粒污泥中富集慢速生长微生物可以提高颗粒密实度以及稳定性[2,97]。研究指出,在 DO 为饱和度的 20% 时,好氧颗粒污泥内富集繁殖速率慢的 PAOs 后,其稳定性显著提高[12]。后期研究发现,存在具有反硝化功能 DNPAOs,它们不仅可以利用 O_2 作为电子受体,还可以利用 NO_2^--N 或 NO_3^--N 进行反硝化吸磷[118,136,194]。与传统的污水生物处理工艺相比,强化污泥在缺氧条件下反硝化除磷过程可降低对 COD 和曝气的需求量,且相应地减少 50% 的剩余污泥,有效节约运行成本[1,144]。传质阻力使好氧颗粒污泥呈现独特的分层结构,由外向内依次存在好氧层、缺氧层和厌氧层。外部好氧层有利于 PAOs 的生长繁殖,另外,即使在好氧环境下 DNPAOs 也可以在颗粒内部缺氧层繁殖代谢,因此,通过提供适宜的运行环境可以在好氧颗粒污泥中富集 PAOs,继而提高其稳定性。

不同菌体具有不同的物理-化学特性,导致其表现出不同的凝聚能力[28]。相对于亲水性细菌而言,疏水性细菌更易黏附在污泥絮体上[29]。接种污泥中疏水性微生物越多,越容易快速地形成沉降性能好的颗粒污泥[30]。可见,接种污泥的组成会显著影响好氧颗粒污泥的形成过程[78]。活性污泥系统中较多的微生物群落有利于好氧颗粒污泥的形成,因此,目前大部分研究学者在培养好氧颗粒污泥时往往选取活性污泥作为种泥[3,15,146]。但是,关于利用膨胀污泥作为接种污泥培养好氧颗粒污泥的研究鲜有报道。

污泥膨胀会严重破坏污泥的沉降性能,污泥在设定的 ST 内不能沉降至排水口下方,会造成大量污泥流失,最终导致处理系统的崩溃。沉降性能差的非丝状菌膨胀污泥常被称为黏性膨胀[195]或菌胶团膨胀[196]。引起非丝状菌膨胀的原因主要包括低温、有机负荷高、氮和磷匮乏以及低 DO[197-200]。在不适宜的运行环境下,微生物会分泌大量黏性 EPS,削弱生物量的厚度和可压缩性[198,201,202]。非丝状菌膨胀经常致使泥水分离恶化,当污泥发生非丝状菌膨胀时,应该及时调节运行参数予以控制。以往研究均集中于调控丝状菌污泥膨胀问题,关于非丝状菌膨胀的控制研究十分鲜见。控制非丝状菌膨胀并实现其颗粒化过程的研究方法是培养好氧颗粒污泥时选取接种污泥的一个新挑战,且对于系统处理性能的恢复和强化具有重要的贡献作用。

本部分实验利用环境参数 pH 值、ORP 和 DO 关联生化反应,合理调整运行周期时长,优化好氧颗粒污泥的培养条件,富集 PAOs,并将研究成果应用于控制非丝状菌膨胀且实现其颗粒化过程。

4.2 实验与方法

4.2.1 实验装置和运行条件

选取圆柱形 SBR,有效体积 3.2 L,直径 10 cm,高度 50 cm。选取有利于 PAOs 繁殖的 A/O/A 培养模式[111],每个运行周期包括进水(5 min)、厌氧、好氧、缺氧、沉降(3 min)和排水(0.5 min)。搅拌器速率为 180 r/min。反应器不控温,与室温相同,平均温度为 27.5 ℃±2.5 ℃。根据环境参数调节周期时长的次数,将反应器运行过程分为三个阶段,进水组成、厌氧、好氧和缺氧时长等参数的具体数值见表 4.1。

表 4.1 不同阶段的运行参数

实验阶段	时间/天	COD∶NH_4^+-N∶PO_4^{3-}-P/(mg/L)	A/O/A/min
阶段Ⅰ	0～11	(200～250)∶20∶5	120/240/90
阶段Ⅱ	12～60	(250～350)∶30∶15	120/120/120
阶段Ⅲ	61～110	350∶30∶20	80/80/40

4.2.2 配水组成和接种污泥

利用人工配水模拟生活污水，COD、NH_4^+-N 和 $PO_4^{3-}-P$ 投加量见表 4.1，其他成分见 2.2 节。接种污泥取自大连凌水河污水处理厂曝气池内的活性污泥。由于活性污泥沉降性差，运行初期每个周期末部分污泥会随出水流出反应器。为了防止大量污泥流失，起初不排泥，运行至 22 天时，当污泥不再随出水排出反应器，开始手动排泥，每天选取一个运行周期的缺氧段末期，在反应器中部排泥口排 150 mL 污泥，将 SRT 控制在 20 天。

4.2.3 周期实验

在反应器稳定运行阶段，选取一个运行周期进行周期实验，每隔一定时间间隔取一定体积泥水混合物，过膜后分析水样中 COD、$PO_4^{3-}-P$、NH_4^+-N、NO_3^--N 和 NO_2^--N 的浓度。pH 值、ORP 和 DO 探头置于反应器中部，每隔 30 s 记录一次数据。进水阶段（约 5 min）由液位计控制，不便于取样分析，因此周期实验以厌氧开始为起始点，以运行至沉降出水作为终点。

4.3 实验结果与讨论

4.3.1 环境参数优化周期时长

图 4.1 所示为阶段 I 运行至第 8 天时一个典型运行周期内各参数浓度的变化情况。上一个周期未被反硝化的 NO_3^--N 和 NO_2^--N（浓度分别约为 5 mg/L 和 2.5 mg/L）以及进水中 DO 使得厌氧起始时 ORP 检测值略高。随后发生反硝化过程，NO_3^--N、NO_2^--N 和 DO 等氧化型物质浓度降低，致使 ORP 下降。反硝化过程中耗酸[109]导致 pH 值上升。运行至 5 min，ORP 下降速率降低且 pH 值停止上升转而下降指示 NO_3^--N、NO_2^--N 和 DO 消耗殆尽[178]。PAOs 吸收 COD 合成 PHA，此过程中产生的 CO_2 进入污泥混合液会导致 pH 值下降[188]，PAOs 释磷过程产生的 $PO_4^{3-}-P$ 使得 ORP 逐渐上升。当释磷结束后，pH 值和 ORP 曲线出现平台，以此可以作为厌氧段的指示终点。在阶段 I（0～11 天），厌氧环境下溶液中 $PO_4^{3-}-P$ 浓度变化很小，主要是因为：①反硝化微生物在将 NO_3^--N 和 NO_2^--N 反硝化的过程中与 PAOs 竞争 COD，继而明显限制释磷过程；②接种污泥中 PAOs 较少（后续讨论）。因此，为了给 PAOs 提供适宜的代谢环境，在阶段 II 适当地提高进水 COD，同时将厌氧时长延长至 120 min。

在好氧环境下，曝气使得 DO 和 ORP 迅速上升，CO_2 吹脱及吸磷过程消耗酸性发酵产物[188]导致 pH 值上升。好氧环境下，$PO_4^{3-}-P$ 浓度下降的同时伴随着 NO_2^--N 和 NO_3^--N 浓度的上升，说明吸磷和硝化过程同时进行。在阶段 I，硝化过程比吸磷过程快，较弱的吸磷反应归因于接种污泥中 PAOs 较少。硝化过程产酸[110,188]，硝化结束后 pH 值出现"氨谷"[188]，随后 pH 值曲线转而上升。pH 值曲线会发现此类变化可能归因于吸磷过程（每消耗 1 mol 碱度的同时会消耗 2 mol 的酸度[115]）和混合液较弱的缓冲能力[203]。吸磷和硝化过程均会消耗

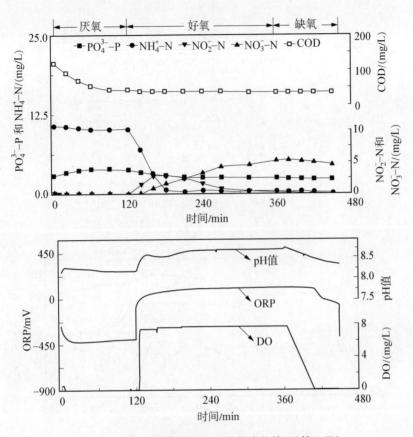

图 4.1　阶段 I 周期实验中各参数变化情况（第 8 天）

DO，且伴随氧化型物质和还原型物质浓度的波动，因此 DO 和 ORP 曲线在以上反应结束前均呈现不同程度的增长趋势，未迅速达到最大值。ORP 和 pH 值曲线出现平台时指示以上反应到达终点。较长的 ORP 和 pH 值平台指示额外的曝气，可以作为好氧阶段的指示终点，因此，根据阶段 II（12～60 天）和阶段 III（61～110 天）的周期实验图（图 4.2 和图 4.3），将好氧时长分别缩短至 120 min 和 80 min。

停止曝气后反应器逐渐进入缺氧环境，最初溶液中剩余的 DO 使得 ORP 值相对较高。随后，微生物的呼吸作用消耗 DO，并生成 CO_2 导致 pH 值下降。当 DO 耗尽后 ORP 迅速下降，pH 值曲线下降速率减缓出现拐点。由于出水中依然存在较高浓度的 $NO_3^- - N$，所以将阶段 II 的缺氧时长延长至 120 min 以提高反应器的反硝化效果。

在阶段 II 和阶段 III，pH 值、ORP 和 DO 的变化趋势与阶段 I 类似，但是随着好氧颗粒污泥逐渐成熟，pH 值、ORP 和 DO 出现了一些新的变化。

在阶段 II 和阶段 III，每个运行周期末出水不再含有 $NO_3^- - N$ 和 $NO_2^- - N$，厌氧环境起始较高的 ORP 检测值主要源于进水内的 DO。微生物消耗 DO 使 ORP 逐渐降低。另外，在阶段 III，运行至 60 天时，反应器内部 MLSS 增加至 7.36 g/L（后续讨论），配水中绝大部分 DO 在进水阶段迅速被反应器内微生物利用，所以在阶段 III 的厌氧环境下不能明显地检测到 ORP 拐点。在阶段 II 末期，厌氧释磷和 COD 降解过程使得 ORP 和 pH 值分别迅速上升

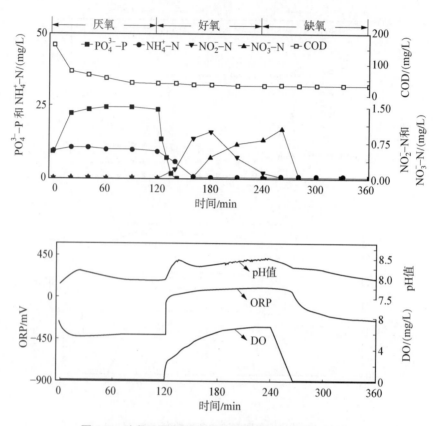

图 4.2 阶段 II 周期实验中各参数变化情况（第 38 天）

和下降，两者在 80 min 出现的平台指示相关的生化反应结束，因此将阶段 III 的厌氧时长调整为 80 min。

在阶段 II 和阶段 III，好氧吸磷反应均在硝化结束之前完成，这是因为在阶段 II 后期，好氧颗粒污泥逐渐形成，颗粒中逐渐富集 PAOs（后续讨论），在阶段 III 好氧颗粒污泥逐渐成熟且粒径增大，扩大的外部好氧层和内部缺氧层为 PAOs 和 DNPAOs 提供适宜的繁殖空间，由此加速了阶段 II 和阶段 III 好氧吸磷过程。在阶段 III，好氧环境下 DO 增长速率明显低于阶段 II，亦能体现此阶段吸磷和硝化反应对 DO 的需求量显著强于阶段 II 和阶段 I。当以上反应逐渐结束，即 $PO_4^{3-}-P$ 和 NH_4^+-N 浓度降至最低时，混合液中 DO 开始迅速上升。图 4.3 显示，厌氧释磷量在阶段 III 显著提升，在厌氧末期 $PO_4^{3-}-P$ 浓度达到 41.33 mg/L，可以证实，经过驯化系统中 PAOs 含量增加。另外，值得注意的是，在阶段 III 没有检测到 pH 值、ORP 和 DO 平台，说明经过调整，好氧时长已经达到最优值。

在阶段 II 末期，在缺氧运行 40 min 后，ORP 出现拐点，DO 降低为 0，对应的 NO_3^--N 浓度降至最低，说明经过环境参数调节后，反应器内污泥的缺氧反硝化能力显著提升，因此，在阶段 III 将缺氧时长缩短至 40 min。基于 ORP、pH 值和 DO 的变化情况对反应器进行两次调整后，HRT 从 15 h 缩短至 7 h，但是出水水质优异，可见基于 pH 值、ORP 和 DO 的调整，可以显著地提高反应器的整体处理效果。

第4章 基于环境参数优化培养好氧颗粒污泥

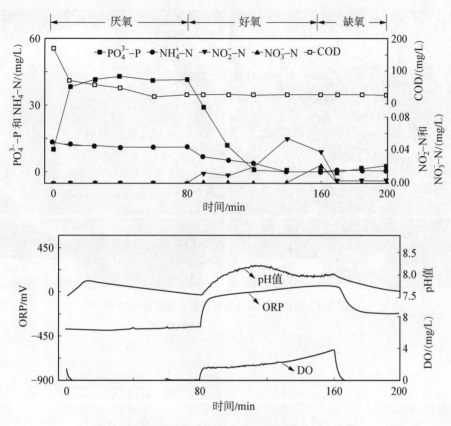

图 4.3 阶段Ⅲ周期实验中各参数变化情况(第72天)

4.3.2 颗粒化过程形态变化及特征

反应器内污泥形态和各特征参数的变化情况如图 4.4 和图 4.5 所示。接种污泥结构不规则且松散(图 4.4a),平均粒径为 36.29 μm,MLSS 和 MLVSS/MLSS 分别为 4.92 g/L 和 47%。

在阶段Ⅰ,活性污泥沉降性能差,每个周期末期均有大量污泥随排水流失,MLSS 降低至 2.2 g/L。SVI_{30} 从 194.91 mL/g(第1天)降低至 108.41 mL/g(第8天),说明污泥沉降性得到稍许提高。

在阶段Ⅱ,基于环境参数 pH 值、ORP 和 DO 调整厌氧、好氧和缺氧时长,MLSS、MLVSS 和 MLVSS/MLSS 均出现明显增长趋势,且污泥沉降性能显著提高(SVI_{30} 降低至 33.98 mL/g)。第28天时,反应器内部观测到小粒径的好氧颗粒污泥。第40~60天是好氧颗粒污泥的迅速形成阶段,50%的污泥粒径从 144.54 μm 增加至 627.85 μm。

在阶段Ⅲ,再次基于环境参数优化周期设置,厌氧、好氧和缺氧时长分别缩短至 80 min、80 min 和 40 min。运行至 75 天时,SVI_5 与 SVI_{30} 相等(图 4.5)。研究指出,SVI_5 与 SVI_{30} 的差值小于 10%指示颗粒化完成[204]。可见,反应器内污泥在阶段Ⅲ实现完全颗粒化。SEM 显示成熟好氧颗粒结构紧实(图 4.4b)。好氧颗粒污泥形成后,粒径稍许增加(图 4.5),但其增长

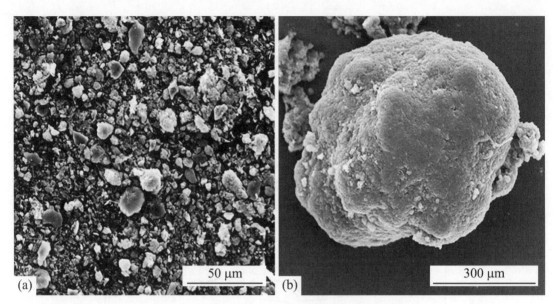

图 4.4　接种污泥和成熟好氧颗粒污泥的 SEM 图

(a)接种污泥；(b)成熟好氧颗粒污泥

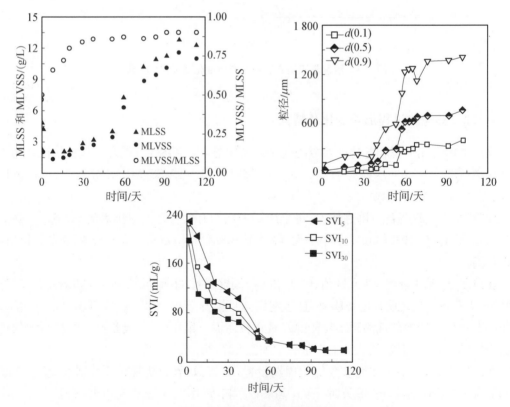

图 4.5　各特征参数变化情况

$d(0.1)$、$d(0.5)$ 和 $d(0.9)$ 分别代表 10%、50% 和 90% 的粒径分布

速率明显低于第 40～60 天期间颗粒粒径的增长速率，这主要是因为颗粒中微生物增长速率与反应器内由曝气和搅拌产生的剪切力导致的剥离速率逐渐达到平衡[205]。

4.3.3 颗粒化过程污染物去除能力

图 4.6 所示为 SBR 运行期间进水组成和反应器处理效果变化情况。运行初期，反应器内污泥处理效果差，COD、NH_4^+-N 和 PO_4^{3-}-P 平均去除率分别为 70.5%、99.7% 和 33.8%，且出水中含有 NO_2^--N 和 NO_3^--N。经过阶段Ⅱ的调整，NH_4^+-N 和 PO_4^{3-}-P 去除率显著上升，出水中 NO_3^--N、NO_2^--N 和 PO_4^{3-}-P 的浓度逐渐降低。此后，再次利用环境参数优化厌氧、好氧和缺氧时长，使阶段Ⅲ的运行周期内不再包含冗余的曝气或搅拌，整体周期时长缩短至 200 min。在阶段Ⅲ，COD、NH_4^+-N 和 PO_4^{3-}-P 的去除率分别达到 88.0%、99.3% 和 99.8%，直到运行截止（130 天），反应器一直保持着优异的处理效果。

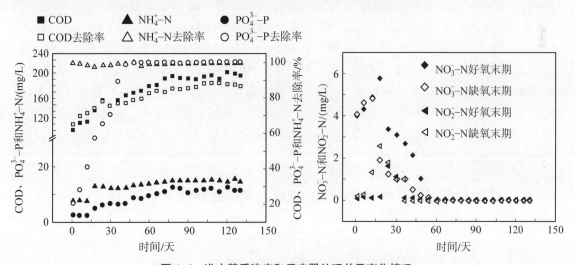

图 4.6 进水基质浓度和反应器处理效果变化情况

反应器运行期间，即使在处理效果优异的阶段Ⅲ，出水中始终能检测到 COD。相对于 NH_4^+-N 和 PO_4^{3-}-P 的去除率而言，COD 去除效果较低，推断出水检测到的 COD 并不是进水中提供的碳源，而是由微生物代谢的溶解性产物（soluble microbial products，SMP）组成。这是因为在一个运作周期内，大部分 COD 在厌氧阶段耗尽（图 4.1～图 4.3），在缺少足够营养物质的贫营养环境下，部分微生物会衰减并产生 SMP[146]。已有研究证实，污水的生物废处理系统中，大部分的出水 COD 由 SMP 组成[206]，由此推断 SMP 是导致 COD 去除率相对较低的原因。

另外，图 4.6 显示好氧阶段 NO_3^--N 和 NO_2^--N 浓度出现先升高而后降低的趋势，其浓度上升与 AOB 和 NOB 繁殖量增加相关。在阶段Ⅱ的颗粒化过程中，虽然进水 NH_4^+-N 有所提升（表 4.1），且好氧环境下 NH_4^+-N 被完全利用，但是好氧末期 NO_3^--N 和 NO_2^--N 检测值逐渐降低，说明好氧阶段发生了反硝化反应。由于好氧阶段没有检测到 COD 变化（图 4.1～图 4.3），可以剔除异养反硝化菌的作用。推测在本部分实验中，参与好氧反硝化的菌体主要由颗粒内缺氧层的 DNPAOs、DNGAOs 以及自养反硝化菌体组成。研究指出，由

A/O/A SBR 培养的好氧颗粒污泥,其表面和内部缺氧层分布着 PAOs 和 DNPAOs[111]。另外,交替运行的 A/O 环境同样有利于 GAOs 的繁殖[134]。起初关于 GAOs 的研究认为 GAOs 是 EBPR 系统的不利因素,因为在 EBPR 系统中,GAOs 不参与吸磷过程,但是在厌氧阶段会与 PAOs 竞争碳源[1]。但是,后续研究证实 GAOs 具有一定的积极作用。Zeng 等[135]指出 A/O SBR 内,在低 DO(0.5 mg/L)环境下由 DNGAOs 负责反硝化过程。Bassin 等[136]研究 A/O SBR 内反硝化除磷好氧颗粒污泥的反硝化过程,发现 DNGAOs 将 $NO_3^- - N$ 转化为 $NO_2^- - N$ 后,DNPAOs 才可利用 $NO_2^- - N$ 实现反硝化除磷过程。Wang 等[207]考察 A/A/O 运行模式下的反硝化除磷好氧颗粒污泥,证实 GAOs 繁殖并不会影响除磷效果,反而可能会促进反应器内污泥处理效率。另外,有研究指出,好氧环境下存在自养反硝化现象,即自养反硝化菌在好氧环境下将 $NO_3^- - N$ 反硝化[109,208-210]。Su 等[211]在处理屠宰污水的 SBR 中分离出 *Pseudomonas stutzeri* SU2 菌体,此菌体可以迅速将 $NO_3^- - N$ 转化成 N_2 且不会形成 $NO_2^- - N$ 积累。Patureau 等[212]在分离好氧反硝化菌时发现此类菌通常会在复杂的污泥系统中繁殖,尤其是交替运行的 A/A 工艺。此研究团队随后针对脱氮除磷系统进行考察,在除磷污泥中检测到具有好氧反硝化功能但不影响除磷过程的好氧反硝化菌 *M. Aerodenitrifications*[213]。由此推测,在本实验中 DNPAOs、DNGAOs 以及自养反硝化菌体共同参与好氧反硝化过程。运行至 60 天后,好氧末期几乎检测不到 $NO_3^- - N$ 和 $NO_2^- - N$,说明随着颗粒的成熟,其反硝化功能得以强化。本书第 6 章基于批次实验进一步测定参与反硝化除磷过程的各类菌体的活性,并证实好氧颗粒污泥中富集 PAOs、DNPAOs 和其他具有反硝化功能的菌体。

4.4 环境参数调控非丝状菌膨胀污泥颗粒化过程研究

4.4.1 实验装置和运行条件

实验装置与前文所述相同。其中每个运行周期包括进水(5 min)、厌氧、好氧、缺氧、沉降(3 min)和排水(0.5 min)六个阶段。搅拌器速率为 180 r/min。反应器不控温,与室温相同,平均温度在 24 ℃±2 ℃波动。利用人工配水模拟生活污水,COD、$NH_4^+ - N$ 和 $PO_4^{3-} - P$ 浓度见表 4.2,其他成分见 2.2 节。根据环境参数调节次数,将反应器运行过程分为阶段Ⅰ和阶段Ⅱ。在阶段Ⅱ,反应器中进水组成和周期时长设置的调整依据见后续讨论。

表 4.2 不同阶段的运行参数

运行参数	阶段Ⅰ	阶段Ⅱ
时长/天	1~90	90~170
COD∶$NH_4^+ - N$∶$PO_4^{3-} - P$/(mg/L)	500∶50∶10	(280±20)∶30∶20
A/O/A/min	90∶120∶90	80∶80∶25
曝气速率/(m³/h)	0.35	0.2
HRT/h	10.28	6.45

4.4.2 接种污泥和进水组成

接种污泥取自大连凌水河污水处理厂,接种污泥由黑褐色絮体组成,平均粒径为 65.22 μm,MLSS=5.32 g/L,沉降性能较差(SVI_{30}=255.12 mL/g)。通过比较接种污泥(图 4.7a)与已报道的不同形态的污泥[非丝状菌膨胀污泥(图 4.7b)、丝状菌膨胀污泥(图 4.7c)和普通絮体(图 4.7d)][201],确定接种污泥发生非丝状菌膨胀。

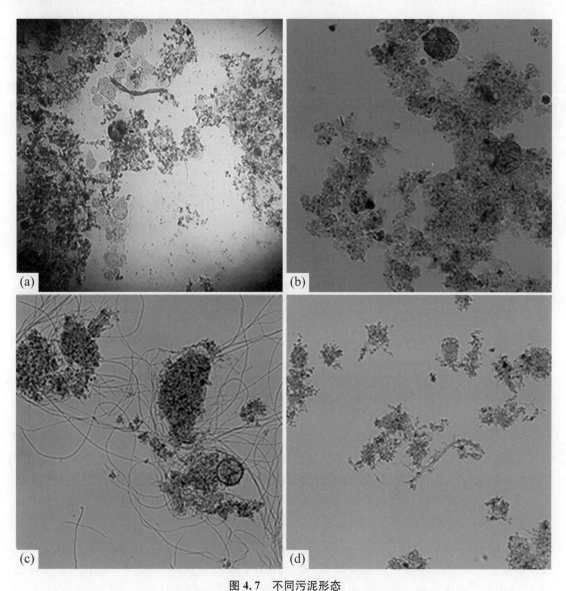

图 4.7 不同污泥形态

(a)本实验接种污泥;(b)非丝状菌膨胀污泥;(c)丝状菌膨胀污泥;(d)普通絮体

4.4.3 pH值、ORP和DO与生化反应关联分析

在阶段Ⅰ后期(第82天)和阶段Ⅱ运行至稳定时期(第160天),分别选取一个运行周期进

行周期实验,结果如图4.8所示。

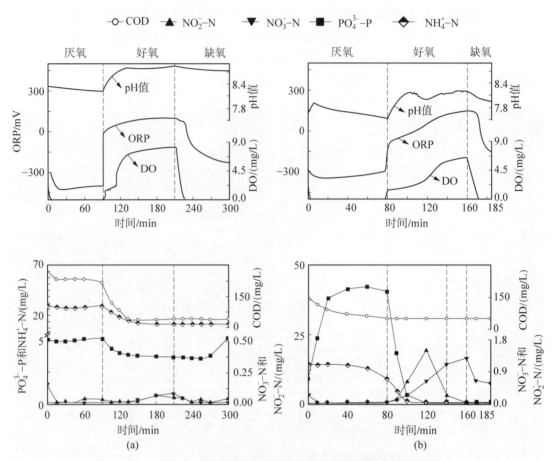

图4.8 不同阶段周期实验内pH值、ORP、DO和各参数变化情况
(a)第82天;(b)第160天

反应器运行至82天(图4.8a),DO在厌氧初期被迅速消耗导致ORP下降。随后,释磷和COD生物降解过程使得ORP下降速率减缓并转而上升,pH值逐渐下降。在阶段Ⅰ大量污泥的流失导致反应器内功能菌(如PAOs)含量较少,所以,pH值下降速率和ORP上升速率较小。运行至80 min时,pH值和ORP曲线出现平台,指示COD降解和释磷过程结束。好氧环境开始后,NH_4^+-N和PO_4^{3-}-P浓度均降低,说明硝化和吸磷过程同时进行。CO_2吹脱及吸磷过程导致碱度增加[115,188]。PO_4^{3-}-P的浓度在曝气开始的40 min内迅速下降。随后,硝化反应占据主导位置,pH值上升趋势减缓,而后转而下降,当"氨谷"出现时,指示硝化反应结束。ORP曲线变化趋势取决于氧化型物质和还原型物质浓度的变化,当ORP出现平台,说明对应的生化反应结束,阶段Ⅰ的好氧环境运行至80 min时出现ORP平台。缺氧环境开始后,DO迅速被消耗导致ORP急剧下降,ORP和DO曲线出现拐点指示以上反应结束。较长的缺氧时长下,PAOs会发生无效释磷[207],释放到溶液中的氧化型PO_4^{3-}-P浓度上升,ORP的下降速率相应减缓。

4.4.4 非丝状菌膨胀原因分析及控制策略

图 4.8 显示,在阶段 I 运行周期内,大部分 COD 在好氧阶段去除,厌氧环境下 PAOs 对 COD 的利用量少,这种运行条件更有利于繁殖速率快的异养菌繁殖,这些菌体会与硝化菌和 PAOs 竞争 O_2 及生存空间,最终破坏反应器对 NH_4^+-N 和 $PO_4^{3-}-P$ 的处理效果[48]。另外,较差的 NH_4^+-N 处理效果和缺氧段无效释磷导致出水中 NH_4^+-N 和 $PO_4^{3-}-P$ 浓度较高。由于体积交换律设置为 50%,留存在反应器内的污水会进一步提高下一周期的 NH_4^+-N 和 $PO_4^{3-}-P$ 浓度,而高浓度 NH_4^+-N 会抑制好氧颗粒污泥的形成[50]。研究证实,虽然采用厌氧进食机制可提高污泥颗粒化过程的稳定性,但是当厌氧环境下生物降解的基质不能被完全吸收时,会导致颗粒化过程失稳[214]。因此,为了控制非丝状菌膨胀并实现进一步的颗粒化过程,必须调控进水组成。图 4.8 显示,厌氧环境起始时 COD 浓度与 pH 值和 ORP 出现平台处 COD 浓度的差值约 140 mg/L,进水 NH_4^+-N 浓度与 pH 值出现"氨谷"处对应的 NH_4^+-N 浓度差约 15 mg/L,因此,为了有效地控制异养菌繁殖并避免 NH_4^+-N 对污泥颗粒化的抑制作用,在阶段 II 将配水中 COD 和 NH_4^+-N 浓度分别调整至 280 mg/L±20 mg/L 和 30 mg/L。

亦有研究指出,缩短周期时长可以提高水力选择压并促进颗粒化过程[204],因此,对阶段 II 的周期时长设置进行调整,以实现污泥颗粒化并提高反应器的处理效率。基于前文的描述可知,pH 值和 ORP 曲线上拐点或较长的平台指示厌氧、好氧和缺氧环境下存在冗余的曝气或搅拌过程。本部分实验中,厌氧和好氧环境以 pH 值和 ORP 曲线出现平台作为指示终点,缺氧环境终点则以 ORP 曲线降低速率减缓出现拐点为标志,将阶段 II 的每个周期中厌氧、好氧和缺氧时长分别缩减为 80 min、80 min 和 25 min。

4.4.5 非丝状菌膨胀污泥形态和处理效果

4.4.5.1 阶段 I 运行期间污泥形态变化

在阶段 I(1~90 天),SVI 随着反应器的运行先有小幅度降低,而后显著升高(图 4.9),说

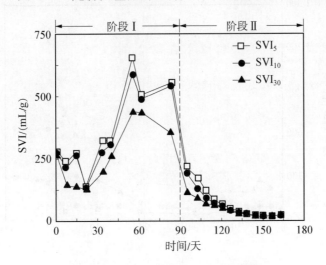

图 4.9 SVI_5、SVI_{10} 和 SVI_{30} 变化情况

明污泥沉降性差。污泥在设定的 ST 内不能及时沉降至排水口下方,导致大量污泥流失,MLSS 从 3.72 g/L 降低至 1.77 g/L(第 84 天)(图 4.10)。污泥粒径较小,90% 的污泥粒径均低于 300 μm(图 4.11)。通过 SEM 观测污泥形态,可以看出,运行至 85 天时,反应器内污泥结构松散,没有检测到丝状菌和成颗粒现象(图 4.12b,图 4.13a 和 b)。

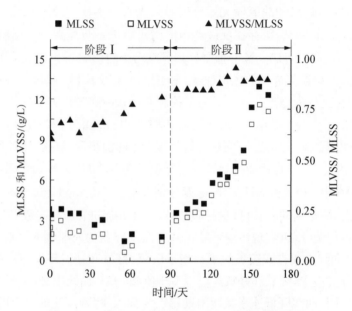

图 4.10　MLSS、MLVSS 和 MLVSS/MLSS 变化情况

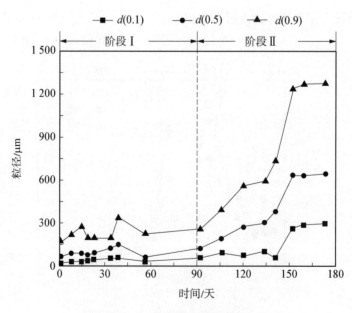

图 4.11　污泥粒径变化情况

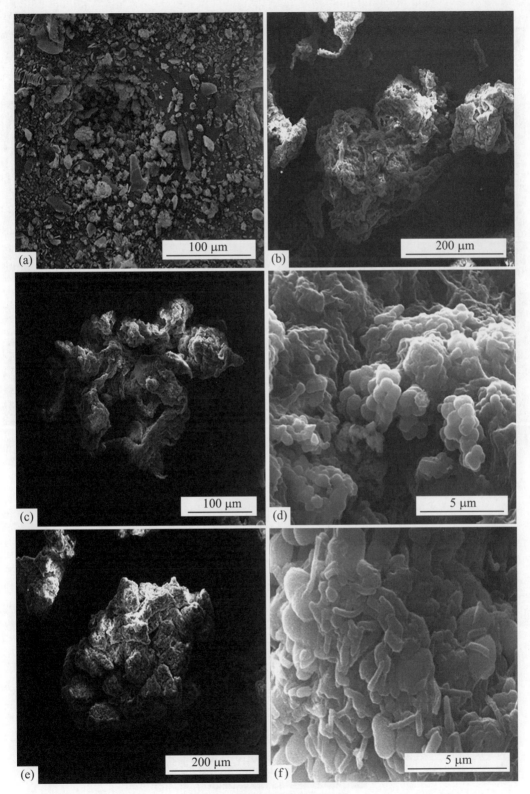

图 4.12　不同时期污泥 SEM 图

(a)接种污泥;(b)、(c)、(e)运行至第 85 天、第 112 天和第 160 天时污泥;(d)、(f)运行至第 112 天和第 160 天颗粒表面微生物形态

· 64 · 好氧颗粒污泥污水处理技术

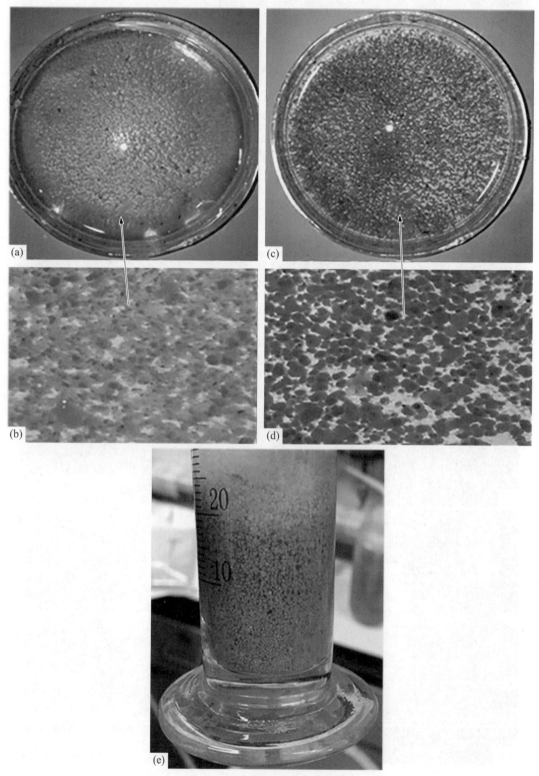

图 4.13 污泥形态视觉直观图
(a)、(b)第 80 天;(c)、(d)、(e)第 140 天

4.4.5.2 阶段Ⅰ运行期间污泥处理效果

在阶段Ⅰ,反应器的出水水质较差,如图 4.14 所示。COD 和 NH_4^+-N 的平均去除率分别为 82.1% 和 61.2%。在阶段Ⅰ的后期,出水中 $PO_4^{3-}-P$ 浓度高于进水中 $PO_4^{3-}-P$ 浓度,说明周期运行未出现无效释磷,反应器中污泥的除磷效果差。

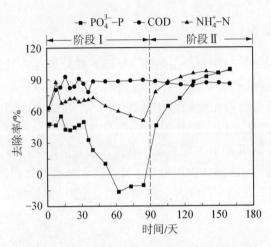

图 4.14 COD、NH_4^+-N 和 $PO_4^{3-}-P$ 去除率变化

研究指出,PAOs 在厌氧环境下会吸收 COD 以 PHA 的形态储存在胞内,分解聚合磷酸盐并释放到胞外,随后在好氧环境或缺氧环境下,PAOs 分解储存的 PHA 并以 O_2 和/或氮氧化物(NO_3^--N 和 NO_2^--N)作为电子受体吸磷。当 PHA 耗尽后,长期处于饥饿状态下,PAOs 为维持自身生存会通过诱发内源性聚合磷酸盐水解获取能量,同时发生无效释磷[111,207]。无效释磷会降低生物除磷效率并对 EBPR 带来不利影响,因此需要尽量避免无效释磷的发生。

4.4.6 颗粒化过程形态变化和污染物去除能力

在阶段Ⅱ,经过运行参数调整后,SVI_{30} 显著降低,说明污泥沉降性明显提高。污泥流失量降低,MLSS 开始上升(图 4.10)。污泥粒径逐渐增大,运行至 110 天时,反应器内观测到小粒径好氧颗粒污泥。基于环境参数调整运行参数的 45 天后,SVI_5 与 SVI_{30} 相等,说明在阶段Ⅱ非丝状菌膨胀得以控制,并逐步转化为沉淀性能好的好氧颗粒污泥。图 4.12c、f 为运行至 112 天和 160 天时整体好氧颗粒污泥和颗粒外层微生物形态,在第 112 天时,颗粒表面被球形菌占据,经过后期培养,颗粒表面又富集杆状菌,因此推断球状菌和杆状菌可能与污泥颗粒化过程密切相关。

伴随着好氧颗粒污泥的形成,反应器内污泥的处理效果也显著提升,COD、NH_4^+-N 和 $PO_4^{3-}-P$ 的平均去除率分别到达 84.1%、99.2% 和 99.1%,相对较低的 COD 去除率可能与微生物分泌 SMP 相关[146,206]。阶段Ⅱ的周期实验如图 4.8b 所示,大部分 COD 在厌氧环境下去除。厌氧阶段 NH_4^+-N 的浓度出现少量下降现象,这主要源于微生物自身繁殖利用[155]以及污泥吸附(EPS 中负电荷集团吸附或微生物细胞壁吸附)[215]。周期实验中出现明显的厌氧释磷和好氧吸磷过程,说明 PAOs 得以驯化和富集。大部分 NH_4^+-N 和 PO_4^{3-}-P 在好氧环境下脱除。另外,在厌氧和好氧环境下,均没有检测到 pH 值和 ORP 平台,可见厌氧搅拌和好氧曝气时长均得到优化。尽管出水中检测到少量的 NO_3^--N(约 0.5 mg/L),但是在下一周期开始初期 NO_3^--N 会被迅速利用(厌氧初期 pH 值曲线形成的顶点对应反硝化终点),后续释磷过程未受到不利影响。

4.4.7 EPS 变化情况

EPS 具有动态的双层结构,细胞外层黏附 TB EPS 和分散在外层的 LB EPS[151]。LB EPS 可以作为最初接触面促进细胞在活性污泥中的黏附。EPS 可以桥联细胞和其他颗粒状物质形成好氧颗粒污泥,显著影响污泥的颗粒化过程[148-150]。但是,LB EPS 分泌过多则会对污泥絮体化和泥水分离效果产生不利的影响,致使污泥 SVI 升高。

图 4.15 所示为运行期间 EPS 变化情况。在阶段 I,污泥中 EPS 主要以 LB PS 为主,TB PS 和 TB PN 含量低,利用 pH 值、ORP 和 DO 调整进水组成和周期时长后,LB PS 累积量得以控制且明显降低,而 TB PS 和 TB PN 分泌量大幅度上升,非丝状菌污泥膨胀问题得以控制并实现颗粒化过程。

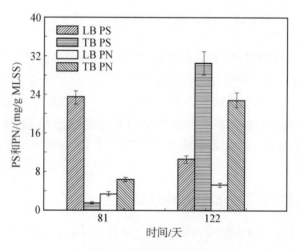

图 4.15 EPS 变化情况

4.5 本章小结

A/O/A SBR 中 pH 值、ORP 和 DO 与 COD 消耗、释磷、吸磷、硝化和反硝化等生化反应密切相关,pH 值、ORP 和 DO 曲线的拐点或平台的起点和始点对应的污染物浓度的差值指示反应器内污泥的实际处理能力。

pH 值和 ORP 曲线出现平台指示厌氧和好氧环境下相关生化反应终止,可以实时停止搅拌和曝气,缺氧环境下 DO 耗尽后 ORP 迅速下降、pH 值曲线下降速率减缓出现拐点可以作为缺氧搅拌时长的指示终点。

反应器内接种污泥处理效果差，COD、NH_4^+-N 和 $PO_4^{3-}-P$ 平均去除率分别为 70.5%、99.7%和 33.8%，且出水含有 NO_3^--N(4.6 mg/L)。经环境参数调整后，周期时长从 550 min 降低至 360 min，随后再次优化至 200 min，HRT 由 15 h 缩短至 7 h，COD、NH_4^+-N 和 $PO_4^{3-}-P$ 去除率分别达到 88.0%、99.3%和 99.8%，出水中不含 NO_3^--N 和 NO_2^--N，SBR 的处理效果和效率均显著提高。

基于环境参数调节，污泥沉降性能显著提高，SVI_{30} 从 194.91 cm^3/g 降低至 28.68 cm^3/g。在 40～60 天之间污泥迅速加速，平均粒径增至 627.85 μm。成熟好氧颗粒污泥结构紧实。基于环境参数调整运行模式的培养方式有利于好氧颗粒污泥内 PAOs 和 GAOs 的繁殖和富集。

利用环境参数 pH 值、ORP 和 DO 调节周期时长和进水组成后，非丝状菌膨胀污泥的 LB PS 累积量得以控制且明显降低，TB PS 和 TB PN 分泌量大幅度上升，污泥的沉降性明显提高、流失量降低，经过 45 天后非丝状菌膨胀污泥实现颗粒化。在颗粒化过程中，反应器内污泥的处理效果显著提升，COD、NH_4^+-N 和 $PO_4^{3-}-P$ 的平均去除率分别达到 85.1%、99.2%和 99.1%。

第 5 章

基于粒径控制实现好氧颗粒污泥长期稳定运行

5.1 引言

与传统活性污泥相比,好氧颗粒污泥生物量高、沉降性能好、具有较高的生物多样性,且可以在同一反应器内实现多种物质的同时脱除,是一项具有研究前景的污水处理技术[3],但是,好氧颗粒污泥在长期运行过程中稳定性差、易破碎,限制此工艺的广泛应用[2,88]。

好氧颗粒污泥失稳的原因主要包括丝状菌大量繁殖、内核水解、功能菌群丧失絮凝或EPS分泌能力[2,3,88]。Zheng等[89]指出好氧颗粒污泥成熟后,其粒径依然会不断增大,表面丝状菌大量繁殖,最终导致好氧颗粒污泥破碎。De Kreuk等[64]发现内源性呼吸作用会诱发粒径较大的好氧颗粒污泥内部结构失稳,导致其破裂成细小碎片。Adav等[91]考察高负荷[OLR=21.3 kg COD/(m^3·d)]对好氧颗粒污泥的影响,结果表明,功能菌群在高负荷下会逐渐丧失自聚能力和EPS分泌能力,并进一步证实β-PS水解是好氧颗粒污泥失稳的原因[216]。Li等[14]指出,将EPS控制在合理浓度范围是维持好氧颗粒污泥稳定性的必要条件,过短的饥饿时间不利于长期运行过程中好氧颗粒污泥稳定性的维持。Lemaire等[217]的研究表明,颗粒表面气孔和中间基质运输通道堵塞不利于颗粒内部微生物摄取营养物质,最终导致好氧颗粒污泥的破碎。Wang等[104]发现好氧颗粒污泥成熟后转换运行模式引起的剪切力变化会引起颗粒破碎。

好氧颗粒污泥的稳定性与粒径大小密切相关[218]。与小粒径好氧颗粒污泥相比,大粒径好氧颗粒污泥的传质和渗透阻力较大,更易激发和刺激内部微生物的厌氧活性[89]。长期处于饥饿环境下,颗粒内部微生物为了自身存活会利用好氧颗粒污泥的骨架物质EPS,继而削弱好氧颗粒污泥整体强度[219]。当可利用物质耗尽,微生物会发生胞溶、死亡和产气现象,最终导致好氧颗粒污泥的破碎。有研究指出,好氧颗粒污泥的粒径存在阈值,粒径小于阈值时,颗粒增长速度大于外界碰撞以及摩擦产生的剥蚀作用,当粒径增大至阈值时,生长速率与剥蚀作用达到平衡,而对于粒径大于阈值的好氧颗粒污泥而言,其生长速度低于颗粒破碎以及剥蚀作用,最终引发好氧颗粒污泥系统的崩溃[220]。另外,好氧颗粒污泥的粒径大小也会影响反应器的整体处理效果[64]。Wang等[221]指出,反应器内好氧颗粒污泥的脱氮能力取决于颗粒的粒径,粒径范围在0.5~0.9 mm的小颗粒中好氧区域大,有利于功能基因的表达,当粒径增大时,脱氮效果显著下降,因此小粒径好氧颗粒污泥具有最高的脱氮效果。De Kreuk等[64]认为大粒径好氧颗粒污泥较低的脱氮效果主要归因于其减小的形状系数。由此可见,将好氧颗粒污泥粒径控制在适宜的范围内有利于保持好氧颗粒污泥长期运行的稳定性和处理效果[86,146]。目前的研究大多集中在考察单一影响因子对好氧颗粒污泥粒径的影响,比如水力条件[60]、有机负荷率[218]以及周期时长[222]等,但是关于粒径控制的研究十分鲜见[86]。

活性污泥的颗粒化过程是一个复杂的物理、化学和生物变化过程,会受多种因素产生的选择压共同制约,而不是仅取决于某一单一因素[91,216,223,224]。Kishida等[111]证实利用A/O/A运行模式 SBR 可以成功地培养出具有反硝化除磷功能的好氧颗粒污泥,但是 SBR 系统仅运行 70 天,且颗粒较大,没有考察长期运行过程中好氧颗粒污泥的稳定性。Zhang 等[146]利用 A/O/A 运行模式 SBR、低负荷污水和低曝气速率共同塑造的耦合选择压在低剪切力下培养出反硝化除磷好氧颗粒污泥,但是颗粒成熟后依然不断增大,当粒径大于 1 mm 时,颗粒污泥失稳破碎致使反应器终止。Zhu 等[103]认为选择性排除老龄化污泥可以显著提高好氧颗粒污泥的稳定性,但是,整个运行过程中没有涉及关于除磷性能的研究,而且运行过程中曝气强度大,能耗高,运行时间较短(60 天),无法断定其长期运行过程中好氧颗粒污泥的稳定性变化。

本部分实验目的是研究限制好氧颗粒污泥粒径不断增长的实验方法,将成熟好氧颗粒污泥的粒径控制在合理的水平,提高好氧颗粒污泥长期运行的稳定性。

5.2 实验与方法

5.2.1 SBR 运行条件的优化选择

GRA 研究结果显示,颗粒化时长与 SGV、H/D、AT、OLR 和 ST 相关(本书第 3 章),而较高的 SGV 和 AT 都会提高能耗,且生活污水的 OLR 较为固定,因此为了优化好氧颗粒污泥的形成过程,提高 H/D 最为实际可行。考虑到实验运行过程中,将 SBR 的 H/D(16～20)设计较大不便于实际操作,所以本部分实验将 H/D 适当地提高至 10,设计高度为 80 cm(运行期间液面高度)、直径为 8 cm 的 SBR,有效体积 4 L。为防止曝气时液体外溢,SBR 的总高度设计为 90 cm。

在好氧颗粒污泥中富集繁殖速率慢的微生物(如硝化菌和 PAOs)可以提高颗粒的密实度和稳定性[2,12,97],选取 A/O/A 运行模式驯化好氧颗粒污泥硝化、反硝化和除磷功能。第 4 章的研究指出,厌氧时长运行至 90 min 时释磷完全结束,好氧时长为 120 min 可实现完全的硝化和吸磷过程,缺氧运行至约 90 min 时出水效果最佳,因此将厌氧、好氧和缺氧时长分别设定为 90 min、120 min 和 90 min,每个运行周期包括进水(5 min)、厌氧(90 min)、曝气(120 min)、缺氧(90 min)、沉降和排水(3 min)。ST 依据污泥实际沉降速率进行调节,保证污泥不会随排水流出反应器,即污泥自然沉降至出水口以下所消耗的时间设定为 ST,具体 ST 调节如图 5.1 所示。沉

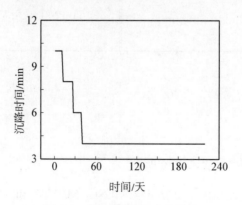

图 5.1 运行期间 ST 变化情况

降后排水，排水孔位于反应器中部，体积交换律50%，HRT在10.37～10.6 h之间波动。

搅拌速率和曝气速率设置在较低的水平（180 r/min和0.1 m³/h）以降低能耗。在厌氧和缺氧阶段，利用机械搅拌器使污泥处于混合状态，搅拌杆中间和底部各置一个搅拌桨，以保证污泥充分混匀，搅拌杆底部距离反应器底部25 cm。较低的曝气速率使SGV低至0.55 cm/s。实验过程中不控温，反应器内温度与室温相当，即25 ℃±5 ℃。

研究指出，SBR上层排泥方式有利于富集PAOs[145]，且能促进密实污泥的生长和聚集[15,225]，另外，好氧颗粒污泥老龄化不利于好氧颗粒污泥长期运行的稳定性[103]，因此，本部分实验在颗粒化前后选取不同的排泥方式。在好氧颗粒污泥形成期间（1～40天），每天选取一个运行周期的缺氧末期排除200 mL上层污泥（排泥口位于最高液面下10 cm处）。在好氧颗粒污泥形成后（40～220天），转换排泥方式，每天选取一个运行周期的缺氧末期，分别在反应器上层和下层各排除100 mL污泥，下层排泥口位于反应器底部上方30 cm。SRT控制在20天。

利用人工配水模拟生活污水，COD 200 mg/L±40 mg/L，其中乙酸钠和丙酸钠分别占COD的25%和75%，NH_4Cl 25 mg N/L±5 mg N/L，K_2HPO_4 2 mg P/L±0.5 mg P/L，KH_2PO_4 2 mg P/L±0.5 mg P/L，其他成分见2.2节。体积交换律50%，模拟污水注入反应器后各物质浓度减半。

5.2.2 接种污泥和进水组成

接种污泥取自大连市夏家河污水处理厂曝气池内的活性污泥。污泥呈现褐色，具体特性见表5.1。

表 5.1 接种污泥特性

参　数	数　值	参　数	数　值
平均粒径/μm	77.06	TN 去除率/%	68.1
SVI_{30}/(mL/g)	41.84	LB PS/(mg/g VSS)	0.45
MLSS/(g/L)	4.8	TB PS/(mg/g VSS)	6.95
MLVSS/(g/L)	2.8	LB PN/(mg/g VSS)	3.13
COD 去除率/%	75.3	TB PN/(mg/g VSS)	22.08
PO_4^{3-}-P 去除率/%	59.3		

5.3 实验结果

5.3.1 颗粒化过程形态变化及特征

反应器内污泥特性变化如图5.2所示。MLSS、MLVSS和MLVSS/MLSS随着反应器的运行逐渐增大，说明SBR内微生物得到有效积累。SVI_{30}在10天内有小范围上升现象，而后随着好氧颗粒污泥的形成迅速下降,在 40 天时,SVI_{30} 降低到 $30.74\ mL/g$,SVI_5 与 SVI_{30} 差异小于 10%(SVI_5/SVI_{30} 降至 1.1),指示颗粒化已经完成。随后转换排泥方式,SVI_{30} 出现上升现象,主要是因为部分沉降性能好的老化好氧颗粒污泥被排除 SBR。运行至 80 天时,SVI_{30} 再次下降,随后维持在 $21\ mL/g$ 左右,说明在运行后期 SBR 内好氧颗粒污泥的沉降性能再次提高,结构更加紧实。

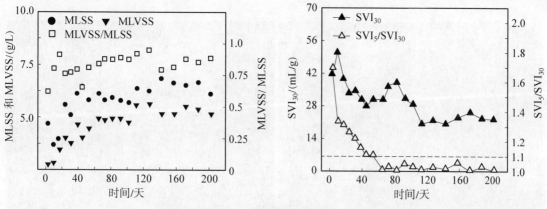

图 5.2　各参数变化情况

图 5.3 显示运行期间 SBR 内污泥粒径变化情况。污泥粒径随着颗粒化过程不断增加,当颗粒化结束后,好氧颗粒污泥的平均粒径 $d(0.5)$ 增加至 $300\ \mu m$。随后粒径依然保持增长趋势,运行至 65 天时,颗粒平均粒径增加至 $430\ \mu m$,而后维持在稳定的水平,直至实验运行结束。研究指出,成熟好氧颗粒污泥的粒径会逐渐增大,是长期运行过程的不稳定因素[218]。Zheng 等[89]采用较高负荷(每周期进水 COD 中含量为 $2\,000\ mg/L$)经过 33 天成功获得好氧颗粒污泥,但是成熟好氧颗粒污泥没有停止生长,当平均粒径大于 $1\,000\ \mu m$ 时,逐渐转变成大粒径且由丝状菌占主导的好氧颗粒污泥。Zhang 等[146]在低负荷下(每个周期进水 COD 中含量为 $150\sim200\ mg/L$)经过 50 天获得反硝化除磷好氧颗粒污泥,在颗粒化结束后粒径同样不

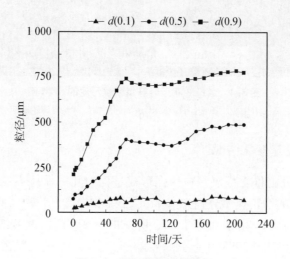

图 5.3　污泥粒径变化情况

断增大,当粒径超过 1000 μm 时,出现颗粒解体现象。在本实验条件下获得的好氧颗粒污泥的粒径在颗粒化后期得以控制,在运行 220 天期间内,90% 的好氧颗粒污泥的粒径 $d(0.9)$ 始终小于 800 μm。随机选取运行至 200 天时的颗粒进行 SEM,其横截面(图 5.4a 和 b)及整体轮廓(图 5.4c 和 d)显示成熟好氧颗粒污泥内部没有明显的厌氧空腔,好氧颗粒污泥整体结构紧实,呈不规则的椭球状,没有破碎现象。可见,本实验中提出的培养方法可以有效地控制粒径生长,继而提高好氧颗粒污泥的长期稳定性。

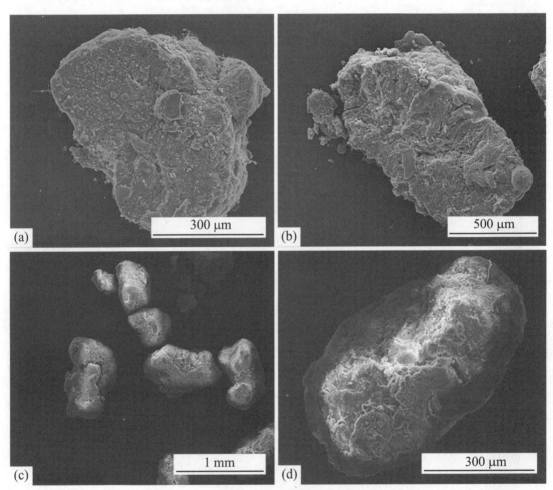

图 5.4　运行 200 天时好氧颗粒污泥的 SEM 图
(a)、(b)颗粒横截面;(c)、(d)成熟好氧颗粒污泥整体轮廓图

5.3.2　EPS 分泌量变化情况

图 5.5 显示 PN 分泌量在好氧颗粒污泥形成过程中几乎保持不变,而 PS 分泌量显著增加。LB PS 和 TB PS 的增长速率分别为 0.41 mg/(g MLSS·d)和 0.92 mg/(g MLSS·d)。颗粒化完成时,PS/PN 从 0.32 增加至 2.34。研究指出,PS 可以调节细胞间的凝聚和黏附过程,在好氧颗粒污泥稳定维持过程中起到重要作用[149,216]。好氧颗粒污泥被看作由 PN 和 PS 复合而成的物理凝胶类似物[226]。Adav 等[216]证实富集特定类型的 PS 有利于促进颗粒化过

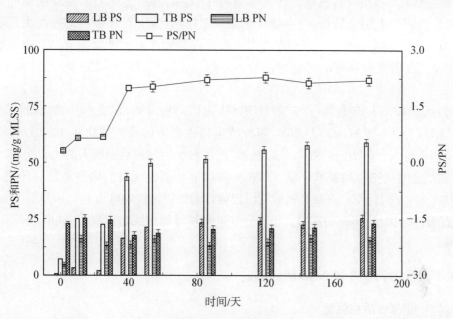

图 5.5 EPS 变化情况

程并提高好氧颗粒污泥的稳定性,Seviour 等[223]研究指出 PN 对颗粒化过程的影响不明显,PS 在此过程中起到关键性作用。Zhang 等[146]利用 A/O/A SBR 培养的反硝化除磷好氧颗粒污泥同样具有较高的 PS/PN(9.4)。因此推断本章实验中 LB PS 和 TB PS 含量迅速增加促进了好氧颗粒污泥的形成。当颗粒化过程初步结束后,PS 含量增长速率减缓,LB PS 和 TB PS 的增长速率分别降低为 0.03 mg/(g MLSS·d) 和 0.07 mg/(g MLSS·d)。可见,LB PS 和 TB PS 与颗粒的形成和成熟后颗粒粒径增长速度的减缓存在一定关联。

好氧颗粒污泥中 EPS 实际上具有动态的双层结构,包括 LB EPS 和 TB EPS[227]。活性污泥中 LB PS 可以为细胞黏附提供接触表面,且 LB PS 和 TB PS 均能桥联临近细胞促进好氧颗粒污泥的形成。但是,过量的 LB PS 不利于生物絮凝和泥水分离[153],可能会致使 SVI 增大[228]。TB EPS 累积量较高同样不能保证好氧颗粒污泥的稳定性[16]。EPS 分泌过量会堵塞颗粒表面气孔及内部基质运输通道,延缓和阻碍水溶性物质在颗粒内部的运输[229],因此合理浓度范围的 LB PS 和 TB PS 与颗粒稳定性存在一定的关联。

本部分实验中,LB PS 和 TB PS 分泌量在好氧颗粒污泥成熟之后得以控制,实现好氧颗粒污泥的稳定维持,主要原因包括以下三个方面:①反应器内生物量逐渐增加(图 5.2),而进水负荷低且浓度不变,继而限制微生物过量合成 LB PS 和 TB PS;②在颗粒化完成后改变的排泥方式选择性地排除一部分成熟好氧颗粒污泥,避免 LB PS 和 TB PS 大量累积;③较低的曝气速率(0.55 cm/s)和搅拌速率条件下的水力剪切力低,也会降低 LB PS 和 TB PS 分泌量。

5.3.3 FISH 分析

利用 FISH 对好氧颗粒污泥内微生物种类进行分析,选取 EUB338、PAOMIX、GAOMIX、NSO190 和 Nit3 检测污泥中绝大部分细菌、PAOs、GAOs、AOB 和 NOB,结果发现，PAOs 主要聚集在反应器底层。在实验过程中，模拟污水经蠕动泵从反应器底部注入，底层碳源浓度高于上层。另外，与小粒径颗粒和絮体相比，大粒径颗粒的密度大、沉降速率高，主要分布在反应器下层。PAOs 在底层大粒径好氧颗粒污泥中繁殖有利其吸收碳源，这可能是 PAOs 主要聚集在反应器底层的原因。Bassin 等[136]和 Winkler 等[145]均检测到此种现象。

利用 Image-Pro Plus 软件(6.0 版)对 FISH 图像分析可知，在成熟好氧颗粒污泥中存在大量的 AOB、NOB、PAOs 和 GAOs，四种微生物占全菌的比例依次是 10.25%、5.91%、60.32%和 12.66%。AOB 和 NOB 是好氧菌，粒径较小的颗粒具有较大的比表面积，为 AOB 和 NOB 提供适宜的生存和繁殖环境。PAOs 和 GAOs 需要交替的厌氧和好氧环境[1,132]，本章实验中 A/O/A 运行模式以及好氧颗粒污泥独特的分层结构均可为 PAOs 和 GAOs 的繁殖提供适宜的环境，因此，实验中获得的小粒径好氧颗粒污泥中成功富集了 AOB、NOB、PAOs 和 GAOs。

5.3.4　PAOs、AOB 和 NOB 活性测定

5.3.4.1　PAOs 活性测定

分别以 O_2 和 $NO_3^- - N$ 作为电子受体测定比好氧吸磷速率(specific aerobic phosphate uptake rate，SAPUR)和比缺氧吸磷速率(specific anoxic phosphate uptake rate，SNPUR)，结果如图 5.6 所示。SAPUR 和 SNPUR 均随着培养的进行逐渐增加，在 40～70 天之间迅速增长，第 63 天时，分别增加至 20.23 mg P/(g MLVSS·h)和 8.75 mg P/(g MLVSS·h)，随后两者增长速率减缓并保持在一定水平。由此可见，PAOs 和可利用 $NO_3^- - N$ 作为电子受体的 DNPAOs(DNAPAOs)的活性都得到显著提高。结合图 5.3 可以看出，SAPUR 和 SNPUR 增长期间正是颗粒粒径迅速变大阶段，此阶段颗粒内层缺氧层空间也逐渐增加，为 PAOs 和 DNAPAOs 提供适宜的繁殖空间，当粒径达到稳定期，内部环境得以维持，PAOs 和 DNAPAOs 活性也随之趋于稳定。

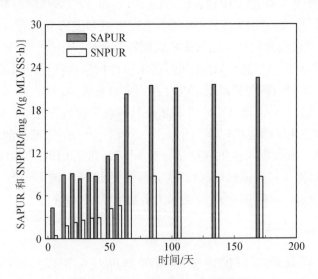

图 5.6　SAPUR 和 SNPUR 变化情况

5.3.4.2 AOB 和 NOB 活性测定

利用 SOUR 表征 AOB 和 NOB 活性,结果见表 5.2。运行第 1 天 SOUR(NH_4^+-N)和 SOUR(NO_2^--N)分别高达 14.51 mg O_2/(g MLVSS·h)和 6.98 mg O_2/(g MLVSS·h),说明接种的活性污泥中 AOB 和 NOB 活性较好。在运行过程中,SOUR(NH_4^+-N)和 SOUR(NO_2^--N)一直保持在较高的水平,证实本章实验提供的运行条件同样适宜 AOB 和 NOB 的繁殖。

表 5.2　运行期间 AOB 和 NOB 的 SOUR 变化[mg O_2/(g MLVSS·h)]

天	SOUR(NH_4^+-N)	SOUR(NO_2^--N)
1	14.51(0.39)	6.98(0.42)
30	15.74(0.27)	7.01(0.51)
62	16.59(0.76)	7.22(0.23)
153	16.41(0.22)	7.19(0.48)

注:括号内为标准偏差。

5.3.5　颗粒化过程污染物去除能力

图 5.7 所示为反应器处理效果的变化情况。反应器运行第 1 天时,污泥对 COD 的去除率达到 88.3%,说明接种污泥可以有效地脱除 COD。整个运行阶段,COD 主要在厌氧段去除。运行 20 天后,PO_4^{3-}-P 去除效果到达较高的水平(>97%)。在颗粒化结束前后(第 40 天左右),厌氧释磷量出现先上升而后下降的趋势,随后,经过一段时间的运行,释磷量再次上升至 30 mg/L 左右并维持在此水平,这主要是因为 PAOs 在颗粒化过程中得到富集,使得厌氧释磷量逐渐升高。当颗粒化完成后,位于反应器下层且富含 PAOs 的好氧颗粒污泥因排泥方式的转变而被排出反应器,使得释磷量出现降低现象。随后 PAOs 含量得以恢复,厌氧释磷量逐渐回升。实验运行后期(65～220 天),颗粒粒径不再有较大的波动,分布在好氧颗粒污泥不同层面的微生物的生存环境得以维持,各类微生物含量变化较小,因此此后释磷量维持在相对稳定的状态。

反应器运行过程中,厌氧阶段均能检测到 NH_4^+-N 浓度少量下降的现象,主要源于微生物的自身繁殖利用[155]以及污泥吸附(EPS 中负电荷基团吸附或微生物细胞壁吸附)[215]。大部分 NH_4^+-N 在好氧阶段被硝化。运行 10 天后,出水 NH_4^+-N 浓度降低至 0.11 mg/L,其去除率高达 98%,说明反应器内污泥中 AOB 得以富集。

在运行的前 65 天内,虽然进水中不含 NO_2^--N,但是在厌氧起始阶段均可检测到 NO_2^--N,这种现象主要是因为前一个周期剩余的 NO_3^--N 在下一周期起始时迅速被反硝化菌体利用,生成部分 NO_2^--N。在颗粒化后期,随着颗粒逐渐成熟,反硝化性能逐渐提高,出水中不再检测到 NO_2^--N 和 NO_3^--N,以上现象随即消失。运行 10 天后,好氧末期均不能检测到 NO_2^--N,氮氧化物主要以 NO_3^--N 的形式存在,说明 NOB 繁殖量上升。对于 NO_3^--N 而言,在颗粒化前期,尽管出水中含有部分 NO_3^--N,但是下一周期起始期却不能检测到 NO_3^--N,

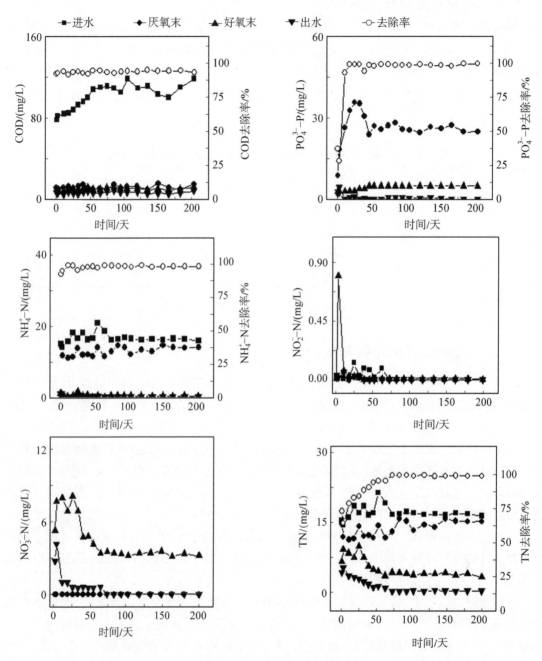

图 5.7 污泥的处理效果变化

这也与上述的反硝化过程有关。随后 $NO_3^- - N$ 浓度转而下降,其去除过程可能包括以下三个方面:①生物同化作用;②颗粒内缺氧层的 DNPAOs 和 DNGAOs 代谢[111,230];③颗粒中自养反硝化菌代谢[213]。运行至 65~70 天后,出水中 $NO_3^- - N$ 低于检测限。鉴于此过程中不存在 COD,且 $PO_4^{3-} - P$ 的波动较小($<1mg\ P/L$),因此推测 DNPAOs、DNGAOs 和自养反硝化菌共同参与了缺氧阶段的反硝化过程。

整个运行期间,TN 主要是在好氧阶段得以去除,且 TN 去除率随着粒径的增大而增加,当粒径维持在一定水平后,TN 去除率增加至 98% 并保持在此水平,这可能与颗粒内反硝化菌体含量变化相关。即随着颗粒粒径的增加,内部缺氧区域逐渐增大,DNPAOs、DNGAOs 和自养反硝化菌不断繁殖,强化了 TN 去除效果。当粒径到达最大而后维持不变时,这些菌体含量得以维持,因此 TN 去除率维持在较高的水平。好氧颗粒污泥形成后直至实验结束,对 COD、NH_4^+-N、TN 和 $PO_4^{3-}-P$ 的平均去除率分别达到 99%、98%、90% 和 99%。

5.4 稳定好氧颗粒污泥形成机理分析

与以往的研究相比[88,89,146,174],本部分实验培养出的好氧颗粒污泥粒径较小,这主要归因于以下耦合选择压的作用,包括经环境参数优化厌氧-好氧-缺氧时长的 A/O/A 运行模式、颗粒化前后不同的排泥方式、低负荷进水以及低剪切力环境。

繁殖速率快的好氧菌是影响好氧颗粒污泥稳定性的因素之一,选择性富集生长速率慢的细菌(AOB、NOB、PAOs 和 GAOs)可以降低好氧颗粒污泥的生长速率继而提高其长期运行稳定性[12,97]。厌氧进食可以有效地抑制生长速率快的异养菌和丝状菌的繁殖,同时确保 PAOs 吸收 COD 和释磷过程不受影响。De Kreuk 等[12]证实厌氧进食有利于富集繁殖速率慢的 PAOs 和 GAOs。COD 在好氧阶段开始之前耗尽,会进一步限制异养菌繁殖,其与 PAOs、AOB 和 NOB 竞争电子受体和生存空间的弊端得以规避。后续的缺氧段确保 NO_3^--N 被完全反硝化,避免其进入下一周期的厌氧阶段对 PAOs 释磷过程产生不利影响[231,232]。因此交替运行的 A/O/A 运行模式结合低负荷进水有利于促进 AOB、NOB、PAOs 和 GAOs 等慢速生长微生物的富集,在控制好氧颗粒污泥粒径不断增大过程中起到重要作用。

研究指出,与小粒径的絮体或颗粒相比,粒径大且密实的好氧颗粒污泥主要分布在 SBR 下层,通过上层排泥方式有利于富集 PAOs[145],并促进密实污泥的生长和聚集[15,225]。另外,好氧颗粒污泥老化不利于好氧颗粒污泥长期运行的稳定性[103]。因此,本章实验在颗粒化前后采取不同的运行模式,当颗粒化结束后,部分成熟且位于反应器下层的大粒径好氧颗粒污泥被选择性排出反应器,使新形成的小粒径颗粒得以积累。且小粒径好氧颗粒污泥会与大粒径好氧颗粒污泥竞争基质,进一步限制好氧颗粒污泥粒径的不断增长。

总体而言,交替运行的 A/O/A 运行模式及低强度污水通过富集生长速率慢的微生物成功降低好氧颗粒污泥的增长速率,颗粒化前后不同的排泥方式、低强度污水和低强度剪切力产生的耦合选择压有效地限制 EPS 的过量累积,选择性排除大粒径污泥还有利于富集新生小粒径颗粒污泥。由此推断,通过调控运行参数获得的最优化的耦合选择压可以有效地控制好氧颗粒污泥的粒径,继而提高好氧颗粒污泥的长期运行稳定性。

5.5 本章小结

在 SBR 中,由 A/O/A 运行模式、颗粒化前上层排泥和颗粒化后下层排泥的方式并结合低强度负荷污水和低剪切力环境产生的耦合选择压可以有效限制反硝化除磷好氧颗粒污泥粒径的增长趋势,继而提高其长期运行的稳定性。

耦合选择压作用下形成的反硝化除磷好氧颗粒污泥沉降性能优异,稳定时期好氧颗粒污泥的 SVI_{30} 维持在 21 mL/g 左右。

合理浓度范围的 LB PS 和 TB PS 有利于维持好氧颗粒污泥的稳定性。在好氧颗粒污泥形成过程中,LB PS 和 TB PS 的增长速率大。好氧颗粒污泥成熟后,在耦合选择压作用下 LB PS 和 TB PS 分泌量得以控制,放缓颗粒粒径增长趋势,在 220 天的运行期间内 90% 的颗粒粒径均小于 800 μm。

Image-Pro Plus 软件(6.0 版)分析 FISH 图像显示 AOB、NOB、PAOs 和 GAOs 占全菌的比例依次是 10.25%、5.91%、60.32% 和 12.66%,表明成熟好氧颗粒污泥中存在大量繁殖速率慢的四种微生物。

第 6 章

好氧颗粒污泥内反硝化除磷菌功能识别及活性测定方法研究

6.1 引言

好氧颗粒污泥独特的分层结构可以为不同生存环境需求的微生物提供适宜的生态位,比如颗粒的外部好氧层中会聚集 AOB、NOB、PAOs 和 GAOs,缺氧层则适合 DNPAOs 和 DNGAOs 繁殖。在 A/O/A SBR 好氧曝气阶段,硝化过程和吸磷过程同时进行。由于 $NO_2^- - N$ 是硝化和反硝化过程的中间产物[233],因此,在好氧和缺氧阶段 $PO_4^{3-} - P$ 会与 $NO_2^- - N$ 和 $NO_3^- - N$ 同时共存。研究指出,存在可以利用 $NO_2^- - N$ 和 $NO_3^- - N$ 的 DNIPAOs 和 DNAPAOs[118,234],它们在缺氧环境下执行反硝化除磷功能。值得注意的是,在好氧曝气环境下,颗粒表面硝化产物 $NO_2^- - N$ 和 $NO_3^- - N$ 可以渗透至颗粒内部缺氧层,也可以供给 DNPAOs 进行反硝化吸磷,或者供给反硝化菌体进行反硝化。

然而,以往考察好氧环境下 PAOs 活性时,仅单纯提供 O_2 作为电子受体[144,235,236],忽略好氧颗粒污泥内部缺氧层中 DNIPAOs 和 DNAPAOs 对吸磷过程的贡献,继而低估整体 PAOs 活性。虽然通过碾碎好氧颗粒污泥使缺氧层内微生物完全暴露在好氧环境下可以获得最大的 SAPUR[155],但是破坏了好氧颗粒污泥结构的完整性,因此需要改进评估好氧颗粒污泥中整体 PAOs 活性且不破坏其结构的批次实验方法。

另外,有研究发现好氧颗粒污泥中存在具有反硝化功能的 DNGAOs[111,135],那么可以推论,在好氧曝气阶段,好氧颗粒污泥内缺氧层的 DNGAOs 同样可以进行反硝化过程,且当曝气停止进入缺氧阶段后,DNGAOs 也可以消耗一定量的 $NO_2^- - N$ 和 $NO_3^- - N$。而且有研究指出,在外碳源缺乏的好氧环境下亦能存在自养反硝化现象,即自养反硝化菌在好氧环境下对 $NO_3^- - N$ 进行自养反硝化[208,209]。但是,以往对除磷系统的研究均忽略这些微生物的活性,无法准确评价好氧和缺氧环境下 DNIPAOs 和 DNAPAOs 的反硝化能力。

针对以上问题,此部分尝试研究全面且准确测定反硝化除磷微生物活性的实验方法,期望为识别和评估好氧颗粒污泥内菌体的功能及活性提出可靠的分析方法。

6.2 实验与方法

6.2.1 批次实验设计

13 组批次实验设计见表 6.1。

选取第 4 章反应器内不同时期的污泥作为测试对象。批次实验液封装置如图 6.1 所示。在某一运行周期的缺氧末期取 1 L 污泥。实验开始之前 2 h,配制适量含 1 mL/L 微量元素的

第6章 好氧颗粒污泥内反硝化除磷菌功能识别及活性测定方法研究

表 6.1 功能菌活性测定批次实验设计

序号	实 验 名 称	运 行 条 件
A	好氧吸磷	仅提供 $PO_4^{3-}-P$ 和 O_2
B	NO_2^--N 共存好氧吸磷	同时提供 $PO_4^{3-}-P$、O_2 和 NO_2^--N
C	无磷 NO_2^--N 好氧反硝化	不加 $PO_4^{3-}-P$，提供 O_2 和 NO_2^--N
D	NO_3^--N 共存好氧吸磷	同时提供 $PO_4^{3-}-P$、O_2 和 NO_3^--N
E	无磷 NO_3^--N 好氧反硝化	不加 $PO_4^{3-}-P$，提供 O_2 和 NO_3^--N
F	NO_2^--N 和 NO_3^--N 共存好氧吸磷	同时提供 $PO_4^{3-}-P$、O_2、NO_2^--N 和 NO_3^--N
G	无磷 NO_2^--N 和 NO_3^--N 好氧反硝化	不加 $PO_4^{3-}-P$，提供 O_2、NO_2^--N 和 NO_3^--N
H	NO_2^--N 缺氧吸磷	提供 $PO_4^{3-}-P$、N_2 和 NO_2^--N
I	无磷 NO_2^--N 缺氧反硝化	不加 $PO_4^{3-}-P$，提供 N_2 和 NO_2^--N
J	NO_3^--N 缺氧吸磷	提供 $PO_4^{3-}-P$、N_2 和 NO_3^--N
K	无磷 NO_3^--N 缺氧反硝化	不加 $PO_4^{3-}-P$，提供 N_2 和 NO_3^--N
L	NO_2^--N 和 NO_3^--N 共存缺氧吸磷	同时提供 $PO_4^{3-}-P$、N_2、NO_2^--N 和 NO_3^--N
M	无磷 NO_2^--N 和 NO_3^--N 缺氧反硝化	不加 $PO_4^{3-}-P$，提供 N_2、NO_2^--N 和 NO_3^--N

其中，

A:测定 SAPUR,即 PAOs 活性的传统测定方法。

B:测定 O_2 和 NO_2^--N 共存的 SAPUR,同时测定好氧环境下 NO_2^--N 共存的比好氧反硝化速率(specific aerobic denitrifying rate via nitrite, SANIDR)。

C:提供 O_2 和 NO_2^--N,测定无吸磷过程的 SANIDR,作为 B 的对照。

D:测定 O_2 和 NO_3^--N 共存的 SAPUR,同时测定好氧环境下 NO_3^--N 共存的比好氧反硝化速率(specific aerobic denitrifying rate via nitrate, SANADR)。

E:提供 O_2 和 NO_3^--N,测定无吸磷过程的 SANADR,作为 D 的对照。

F:测定 O_2、NO_2^--N 和 NO_3^--N 共存的 SAPUR,同时测定该条件下 SANIDR 和 SANADR。

G:测定无吸磷过程的 SANIDR 和 SANADR,作为 F 的对照。

H:测定以 NO_2^--N 为电子受体的 SNPUR,同时测定该条件下 NO_2^--N 的比缺氧反硝化速率(specific anoxic denitrifying rate via nitrite, SNNIDR)。

I:测定无吸磷过程的 SNNIDR,作为 H 的对照。

J:测定以 NO_3^--N 为电子受体的 SNPUR,同时测定该条件下 NO_3^--N 的比缺氧反硝化速率(specific anoxic denitrifying rate via nitrate, SNNADR),即 DNPAOs 总体活性的传统测定方法。

K:测定无吸磷过程的 SNNADR,作为 J 的对照。

L:测定 NO_2^--N 和 NO_3^--N 共存时的 SNPUR,同时测定该条件下 SNNIDR 和 SNNADR。

M:测定无吸磷过程的 SNNIDR 和 SNNADR,作为 L 的对照。

去离子水,通入 N_2 液封备用,保证水中不含 DO、COD、NO_2^--N 和 NO_3^--N(此后简称 Q 水)。污泥自由沉降后弃去上清液,用 Q 水清洗 6 遍。随后将污泥转移至具有胶塞的密封瓶内,用 Q 水将污泥稀释至原体积,底部曝 N_2 维持厌氧环境,迅速投加含 200 mg/L COD(CH_3COONa:25% COD, CH_3CH_2COONa:75% COD),液封后通入 N_2 2 h 营造厌氧环境,使污泥充分释磷。释磷结束后,污泥自由沉降后弃去上清液,用 Q 水清洗 6 遍。清洗后将污泥稀释至原

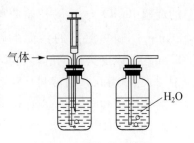

图 6.1 批次实验装置

体积,进行好氧测试的污泥平分至 7 个批次实验装置内,进行缺氧测试的污泥平分至 6 个批次实验装置内。

好氧测试和缺氧测试瓶内分别通入空气和 N_2 后液封。依据表 6.1,向各批次实验装置中投加相应的物质,提供 $PO_4^{3-}-P$ 和 NO_3^--N 的批次实验中,两者的最初浓度均维持在 30 mg/L。由于高浓度的 NO_2^--N 对微生物代谢活性存在抑制作用,实验前首先需要确定提供 NO_2^--N 的批次实验中 NO_2^--N 的投加量(详见 6.2.2 小节)。当各物质投加完毕,迅速摇匀,在 0、12 min、30 min 和 60 min 时用注射器取样,过 0.45 μm 膜,测定 $PO_4^{3-}-P$、NO_2^--N 和/或 NO_3^--N 浓度。实验结束后测定 MLSS 和 MLVSS,结合 12 min 内各物质浓度变化量测定其比利用/合成速率。

6.2.2 NO_2^--N 投加剂量研究

研究指出,NO_2^--N 会抑制微生物合成和分解代谢活性,例如细胞内部主动运输和好氧呼吸过程[121,237]。吸磷过程对 NO_2^--N 也比较敏感[123]。暴露在一定浓度的 NO_2^--N 下,PAOs 的好氧和缺氧吸磷等代谢活动均会受到抑制[118,121,238]。Zhou 等[125,239-241]的研究结果进一步表明,对 PAOs 起到抑制作用的是 FNA,FNA 是质子化的 NO_2^--N,其浓度随着 NO_2^--N 浓度的增加而增大。Zeng 等[242]指出好氧和缺氧环境下 PAOs 对 NO_2^--N 耐受程度不同,NO_2^--N 浓度高于 2 mg/L(FNA>0.47×10^{-3} mg/L)会抑制好氧吸磷和胞内 PHA 的氧化过程,当 NO_2^--N 浓度高于 30 mg/L(FNA>2.25×10^{-3} mg/L)时,缺氧吸磷效果才会受到抑制,因此评估 PAOs 活性的前提是确定好氧和缺氧期间 NO_2^--N 投加浓度。

在第 4 章 SBR 运行至第 7、9、55 和 59 天时,分别在某一运行周期的缺氧末期取 1 L 污泥,第 7 天和第 55 天的污泥用于考察不同浓度的 NO_2^--N 在好氧条件下对不同形态污泥反硝化除磷效果的影响,第 9 天和第 59 天的污泥用于比较不同浓度的 NO_2^--N 在缺氧条件下对不同形态污泥反硝化除磷效果的影响。

实验开始之前污泥释磷步骤同 6.2.1 小节。释磷结束后,污泥自由沉降后弃去上清液,用 Q 水清洗 6 遍。清洗后将污泥稀释至原体积,进行好氧测试的污泥(第 7 天和第 55 天的污泥)平分至 6 个具塞烧瓶内,进行缺氧测试的污泥(第 9 天和第 59 天的污泥)平分至 3 个具塞烧瓶内。基于预实验,分别向烧瓶内加入不同质量的 NO_2^--N,使好氧测试的污泥的烧瓶中 NO_2^--N 的初始浓度分别为 0、2.5 mg/L、4.5 mg/L、5.5 mg/L、15 mg/L 和 25 mg/L,缺氧测试的污泥的烧瓶中 NO_2^--N 的初始浓度分别为 5 mg/L、15 mg/L 和 25 mg/L(以上为理论值,以实际运行过程中测定数值为准)。好氧测试和缺氧测试瓶内分别通入空气和 N_2 后液封。随后向每个烧瓶投加一定质量的 KH_2PO_4,使 $PO_4^{3-}-P$ 的最初浓度维持在 30 mg/L,迅速摇匀,在 0、12 min、30 min 和 60 min 时用注射器取样,过 0.45 μm 膜,测定 $PO_4^{3-}-P$ 和 NO_2^--N 浓度变化。实验结束后测定 MLSS 和 MLVSS,结合 12 min 内各物质浓度变化量测定其比利用/合成速率。通过后续计算确定好氧和缺氧环境下 NO_2^--N 的最佳投加量。

6.3 实验结果与讨论

6.3.1 $NO_2^- - N$ 对好氧吸磷和缺氧吸磷的影响

第 7 天和第 9 天时，SBR 内污泥主要由平均粒径为 83 μm 的絮状污泥组成，运行至第 55 天和第 59 天时，反应器内污泥主要以好氧颗粒污泥形式存在，平均粒径约为 300 μm，如图 4.5 所示。不同浓度 $NO_2^- - N$ 对不同形态污泥中好氧吸磷和缺氧吸磷的影响结果如图 6.2 所示。在好氧环境下，随着 $NO_2^- - N$ 浓度升高，絮状污泥和好氧颗粒污泥的 SAPUR 均出现先增加而后降低的趋势，SAPUR 在 $NO_2^- - N$ 浓度为 4.8 mg/L 时达到最大值，随着 $NO_2^- - N$ 浓度再次增大 SAPUR 开始下降。推测低浓度 $NO_2^- - N$ 下 FNA 的浓度低，不会明显抑制 PAOs 活性，与此同时，$NO_2^- - N$ 可以作为 DNIPAOs 的电子受体，提高整体 SAPUR。当 $NO_2^- - N$ 的浓度超过阈值时，FNA 对 PAOs 活性的抑制作用大于对 DNIPAOs 活性的促进作用，所以整体 SAPUR 随着 $NO_2^- - N$ 浓度再次升高而下降。

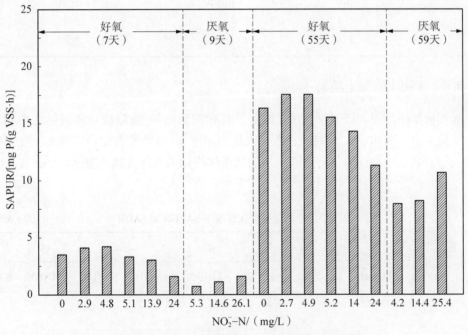

图 6.2 $NO_2^- - N$ 对不同形态污泥影响的批次实验

在缺氧环境下，PAOs 对 $NO_2^- - N$ 的敏感程度发生变化。图 6.2 显示，$NO_2^- - N$ 浓度在 4.2～25.4 mg/L 的范围内，絮体污泥和好氧颗粒污泥的 SNPUR 均随着 $NO_2^- - N$ 浓度的增加而增大，可见，对絮状污泥和好氧颗粒污泥的缺氧除磷活性产生抑制作用的 $NO_2^- - N$ 阈值浓度大于 25.4 mg/L，因此在各类功能菌活性测试的批次实验中，好氧环境和缺氧环境下 $NO_2^- - N$ 投加浓度分别为 4.8 mg/L 和 20 mg/L(表 6.2)。研究指出，FNA 的浓度与温度、pH 值和 $NO_2^- - N$ 浓度相关[127,241]，此批次实验在室温下进行，没有严格控制 pH 值和温度，所以没有获取 FNA 对好氧吸磷起到明显抑制的确切浓度值。

由以上实验结果可知,在好氧条件下为絮状污泥和好氧颗粒污泥提供适宜浓度的 $NO_2^- -N$ 均可以促进除磷效果,即好氧环境下投加适宜浓度的 $NO_2^- -N$ 可以提高 SAPUR,证实仅提供 O_2 作为电子受体评估 PAOs 活性的传统方法的不准确性,因此在测定评估整体 PAOs 的除磷活性时,应该同步考虑可利用其他电子受体的菌体,比如 DNAPAOs 和 DNIPAOs,即提供 O_2 的同时,需要根据 PAOs 类型提供相应的电子受体。

表 6.2 批次实验中 $PO_4^{3-} -P$、$NO_2^- -N$ 和 $NO_3^- -N$ 投加浓度 (mg/L)

序号	好氧环境			序号	缺氧环境		
	$PO_4^{3-} -P$	$NO_2^- -N$	$NO_3^- -N$		$PO_4^{3-} -P$	$NO_2^- -N$	$NO_3^- -N$
A	30	0	0				
B	30	4.8	0	H	30	20	0
C	0	4.8	0	I	0	20	0
D	30	0	30	J	30	0	30
E	0	0	30	K	0	0	30
F	30	4.8	30	L	30	20	30
G	0	4.8	30	M	0	20	30

6.3.2 批次实验测定结果

全面评估絮体污泥和好氧颗粒污泥内各类具有反硝化和/或除磷功能菌体活性测定方法的实验结果见表 6.3 和表 6.4,其中正数代表比利用速率,负号代表比合成速率。在本章研究中,将除了 DNPAOs 之外的具有反硝化功能的菌体统称为其他反硝化菌体(other denitrifying bacteria, DNB)。

表 6.3 不同电子受体环境下 SAPUR 和 SADR [mg/(g VSS·h)]

时间/天	8			43			60		
	SAPUR	SANIDR	SANADR	SAPUR	SANIDR	SANADR	SAPUR	SANIDR	SANADR
A	3.37			11.39			31.38		
B	3.44			11.81	0.29		39.74	5.57	
C					0.04			0.43	
D	3.87			12.33	−0.06	0.21	32.01	−0.28	2.72
E					−0.03	0.106		−0.28	0.93
F	3.21			10.53	−0.17	0.34	28.33	−0.51	2.06
G					−0.08	0.108		−0.43	1.13

横向比较发现,对于同一类批次实验,各类微生物活性随着反应器的运行均显著增加。例如,在好氧环境下,以 O_2 作为电子受体的 PAOs 的活性随着污泥逐渐颗粒化而显著增强,

第6章 好氧颗粒污泥内反硝化除磷菌功能识别及活性测定方法研究

表 6.4 不同电子受体环境下 SNPUR 和 SNDR   [mg/(g VSS·h)]

时间/天	10			45			62		
	SNPUR	SNNIDR	SNNADR	SNPUR	SNNIDR	SNNADR	SNPUR	SNNIDR	SNNADR
H	1.11	0.29		4.55	1.98		16.15	8.31	
I		0.21			1.55			4	
J	1.76	−0.01	1.72	5.8	−0.08	2.36	15.11	−0.02	7.55
K		−0.11	1.69		−0.73	2.09		−0.07	6.7
L	1.86	−0.13	1.02	6.69	−0.24	4.10	17.02	3.1	8.19
M		−0.36	1.32		−0.97	4.91		0.79	6.09

SAPUR 从 3.37 mg/(g VSS·h)增加至 31.38 mg/(g VSS·h)。在缺氧环境下，以 DNIPAOs 的活性随着好氧颗粒污泥的形成也显著增强，SNPUR 从 1.11 mg/(g VSS·h)增加至 16.15 mg/(g VSS·h)。再次证实，利用环境参数调控周期设置，有利于在好氧颗粒污泥中富集 PAOs 和 DNPAOs。

6.3.2.1 好氧反硝化吸磷分析

纵向比较，与对照批次实验 A 相比，在好氧环境下额外提供 $NO_2^- - N$(B)或 $NO_3^- - N$(D)可以提高絮状污泥(第 8 天)和好氧颗粒污泥(第 43 天和第 60 天)的 SAPUR(图 6.3)，并且同

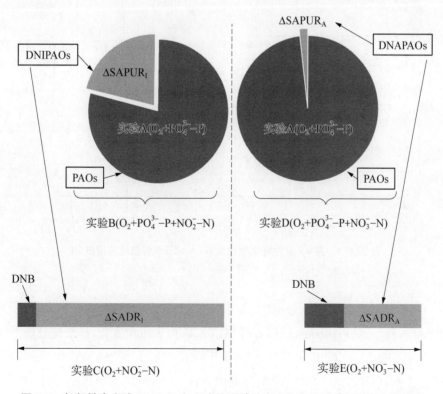

图 6.3 好氧批次实验 B、C、D 和 E 中比吸磷速率之间和比反硝化速率之间关系

时伴随着 $NO_2^- - N$ 和 $NO_3^- - N$ 的消耗(图 6.4c 和图 6.5b),说明反应器内存在 DNIPAOs 和 DNAPAOs,在图 6.3 中以 $\Delta SAPUR_I$ 和 $\Delta SADR_I$ 分别表示 DNIPAOs 对好氧吸磷和反硝化的贡献,以 $\Delta SAPUR_A$ 和 $\Delta SADR_A$ 分别表示 DNAPAOs 对好氧吸磷和反硝化的贡献。可见,在混合电子受体环境中,不仅可以发生利用 O_2 作为电子受体的好氧吸磷反应,同时也发生了 DNIPAOs 和 DNAPAOs 利用内碳源(如 PHA)作为碳源和能量来源,通过某种代谢模式,以 $NO_2^- - N$ 和 $NO_3^- - N$ 作为电子受体进行吸磷,实现好氧反硝化除磷。

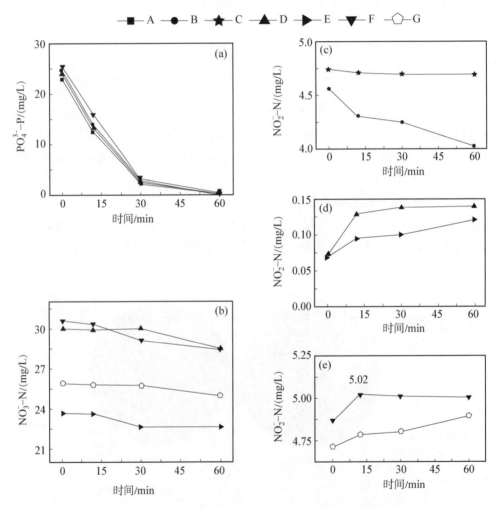

图 6.4 第 43 天时好氧批次实验(A~G)中各参数浓度变化
(a)A、B、D 和 F;(b)D、E、F 和 G;(c)B 和 C;(d)D 和 E;(e)F 和 G

为进一步验证在好氧环境下 DNIPAOs 和 DNAPAOs 会消耗 $NO_2^- - N$ 和 $NO_3^- - N$,并评估 DNIPAOs 和 DNAPAOs 的活性,设计 B、C、D 和 E 批次实验,详细地分析 $NO_2^- - N$ 和 $NO_3^- - N$ 的代谢途径。比较 B 和 C 的 SANIDR 以及 D 和 E 的 SANADR 可知,即使不提供 $PO_4^{3-} - P$ 限制了 DNIPAOs 和 DNAPAOs 利用 $NO_2^- - N$ 和 $NO_3^- - N$ 过程,C 中的 $NO_2^- - N$ 和 E 中的 $NO_3^- - N$ 浓度依然会降低。另外,B 中的 SANIDR 高于对照实验 C 的值,D 中的

SANADR 均高于对照实验 E 的值。结合以上结果，认为 B 的 SANIDR 实际体现的是 DNIPAOs 和可利用 $NO_2^- - N$ 的 DNB 共同的反硝化活性，而 D 的 SANADR 体现的是 DNAPAOs 和可利用 $NO_3^- - N$ 的 DNB 共同的反硝化活性。因此在评估 DNIPAOs 和 DNAPAOs 反硝化能力时，应该扣除对照实验的 SANIDR(C) 和 SANADR(E)。然而，以往考察 DNPAOs 的反硝化能力只局限于缺氧环境下，好氧环境下其反硝化除磷贡献往往被忽略，且均未同时评估 DNB 的反硝化活性，继而高估 DNPAOs 的反硝化能力[155,243]，B、C、D 和 E 的实验设计解决以往对功能菌活性评估实验的缺陷。通过以上分析，可以确定在好氧环境下实际上发生了好氧吸磷、好氧反硝化吸磷和好氧反硝化三种反应。

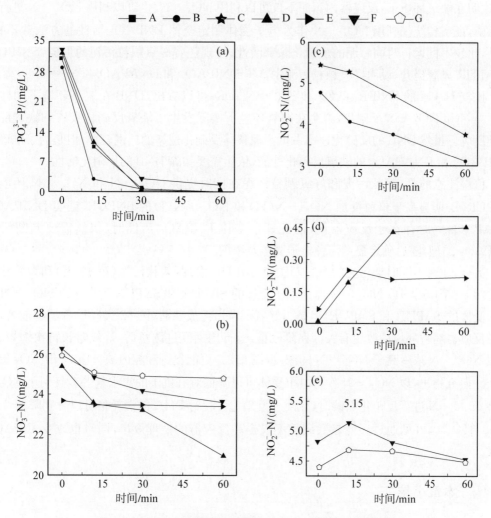

图 6.5 第 60 天时好氧批次实验(A～G)中各参数浓度变化
(a)A、B、D 和 F；(b)D、E、F 和 G；(c)B 和 C；(d)D 和 E；(e)F 和 G

另外，批次实验 D 和 E 起始时未投加 $NO_2^- - N$，但是实验过程中均能检测到 $NO_2^- - N$，导致 D 和 E 实验中 SANIDR 为负值。主要原因是 $NO_3^- - N$ 的反硝化过程中会生成 $NO_2^- - N$，其浓度高于 DNIPAOs 和/或 DNB 对 $NO_2^- - N$ 的利用量。

比较批次实验 F 和 A 的 SAPUR 发现,同时提供 O_2、$NO_2^- - N$ 和 $NO_3^- - N$ 的 SAPUR 却低于对照实验,此现象依然与 $NO_3^- - N$ 被反硝化有关,即 $NO_3^- - N$ 反硝化过程生成的 $NO_2^- - N$ 结合初期提供的 $NO_2^- - N$ 使得 $NO_2^- - N$ 的累积浓度超过抑制阈值(图 6.4e 和图 6.5e),所以同时提供 O_2、$NO_2^- - N$ 和 $NO_3^- - N$ 反而降低宏观 SAPUR。由此看见,在评估 PAOs 的好氧活性时,不能盲目同时投加各种电子受体,需要先判定 PAOs 的种类,并且确定除了提供 O_2 之外还需供给何种电子受体以及投加量。

6.3.2.2 缺氧反硝化除磷分析

缺氧批次实验结果见表 6.4。投加 $NO_2^- - N$ 或 $NO_3^- - N$ 后,均可以发生反硝化除磷反应,说明在缺氧环境下,反应器内污泥不仅可以利用 $NO_3^- - N$,也可以利用 $NO_2^- - N$ 进行反硝化除磷,证实传统仅利用 $NO_3^- - N$ 作为电子受体测定全体 DNPAOs 活性的方法并不精准。另外,比较不同运行时间污泥的反硝化除磷活性,发现随着好氧颗粒污泥的形成,SNIPUR 和 SNAPUR 显著提升,说明好氧颗粒污泥中富集 DNIPAOs 和 DNAPAOs。

比较 H 和 I 的 SNIDR 以及 J 和 K 的 SNADR,可以看出,DNB 在缺氧环境下同样会将 $NO_2^- - N$ 和 $NO_3^- - N$ 反硝化,说明在缺氧环境下实际发生了缺氧反硝化吸磷和缺氧反硝化两类反应。虽然 DNB 的反硝化速率占据污泥整体反硝化速率的比例较小,但是为了准确评估 DNIPAOs 和 DNAPAOs 的缺氧反硝化性能,依然需要扣除 DNB 的反硝化活性。

值得注意的是,絮状污泥和好氧颗粒污泥在同时提供 $NO_2^- - N$ 和 $NO_3^- - N$ 环境中的 SNPUR(L)明显高于单独投加 $NO_2^- - N$(H)和 $NO_3^- - N$(J)的 SNPUR,证实 DNIPAOs 和 DNAPAOs 同时存在于反应器内,因此评估全体 DNPAOs 活性时,依然需要判断污泥内 DNPAOs 类型,随后确定提供何种电子受体及浓度。

另外,比较不同时期污泥的 SAPUR 和 SNPUR 发现,絮状污泥(第 10 天)和颗粒化过程中的污泥(第 45 天)以 $NO_3^- - N$ 作为电子受体的 SAPUR 和 SNPUR 均高于以 $NO_2^- - N$ 作为电子受体的 SAPUR 和 SNPUR,但是当好氧颗粒污泥成熟后(第 62 天),后者超越前者,这可能与反应器运行环境的改变有关。在阶段Ⅲ,运行周期经过调整后,好氧时长再次缩短,好氧阶段 $NO_2^- - N$ 浓度高于 $NO_3^- - N$ 的浓度(图 4.3),更能促进颗粒内缺氧层 DNIPAOs 繁殖和富集。研究指出,以 $NO_2^- - N$ 作为电子受体可以降低对有机碳的需求量[124],且利用 $NO_2^- - N$ 代替 $NO_3^- - N$ 进行反硝化除磷时,除磷和反硝化过程对 PHA 的消耗量可以分别降低 22.3% 和 49.4%[183],可见通过环境参数调整不仅提高反应器的处理效率,同时也改变了 PAOs 的组成。

6.4 本章小结

改进的批次实验方法可以准确测定好氧颗粒污泥中反硝化除磷微生物的活性,验证并弥补传统测定方法的缺陷和不足,并证实了好氧环境下的反硝化除磷过程包括好氧吸磷、好氧反硝化吸磷和好氧反硝化,缺氧环境下的反硝化除磷过程包括反硝化吸磷和缺氧反硝化。

评估 PAOs 整体活性时,首先需要明确反应器内 PAOs 类型,其次确定电子受体投加量。好氧吸磷过程中,$NO_2^- - N$ 对 PAOs 的活性抑制存在阈值(4.8 mg/L),低于阈值时 $NO_2^- - N$

可以作为电子受体，提高整体吸磷活性，但是高于阈值时，$NO_2^- - N$ 对 PAOs 活性的抑制程度明显高于促进作用。在好氧环境下提供适宜浓度的 $NO_2^- - N$ 或 $NO_3^- - N$，不仅可以提高整体 PAOs 的 SAPUR，还可以避免通过破坏好氧颗粒污泥的结构以获得最大 SAPUR 实验方法的弊端。

考察 PAOs 的反硝化能力时，无论是好氧还是缺氧环境均不能忽略 DNB 活性，否则会高估其反硝化性能。在改进的实验方法中设计不提供 $PO_4^{3-} - P$ 以限制 DNIPAOs 和 DNAPAOs 利用 $NO_2^- - N$ 和 $NO_3^- - N$ 的实验对照组，通过扣除对照组中 DNB 反硝化速率，可以获得 PAOs 反硝化活性的准确测定值。

第 7 章

电气石对好氧颗粒污泥形成过程和处理效能影响

7.1　引言

与传统活性污泥工艺相比,颗粒污泥具有结构紧密、生物量高、沉降性好以及生物多样性大等特点,且此工艺可以处理高负荷废水,抗冲击能力强,可降解毒性物质[2,3,244]。利用 SBR 培养颗粒污泥可以减小占地面积,降低运营成本。颗粒污泥独特的分层结构可以为不同微生物提供适宜的生态位[245]。而且,通过交替运行的厌氧、好氧及缺氧模式可以有效地实现并强化同步脱氮除磷效果,同时节约碳源和能耗[146,246],因此,利用 SBR 培养反硝化除磷颗粒污泥已经成为污水处理工艺研究的热点。

电气石是一种结构和化学成分复杂的环状硅酸盐矿物,存在永久自发电极[247]。其物理化学稳定性较高,可重复利用,无二次污染。研究指出,电气石能够促进微生物新陈代谢和繁殖能力[248]。机理包括以下三个方面:①电气石电极产生的电场可减小水分子团簇,提高水溶性物质在生物膜中的通透率[249];②电气石可以提高脱氢酶活力[250];(3)电气石可以自发地调控水体的 pH 值[12]和 ORP[251]。此外,电气石可以通过表面负极和络合作用吸附重金属离子,减小工业废水对生态环境、公共健康和经济发展带来的影响[252-256]。可见,电气石是生态友好且优良的绿色环保材料。因此,电气石在众多领域中均展现了较好的应用前景。然而,关于电气石对颗粒污泥培养影响的研究亦鲜有报道。

利用 SBR 反应器,以厌氧/好氧/缺氧(A/O/A)交替运行的模式培养具有反硝化除磷功能的颗粒污泥,考察电气石对颗粒化过程以及功能菌体的影响。

7.2　实验与方法

7.2.1　实验材料

试验用电气石产于内蒙古赤峰市地区,电气石粉末经粉碎、研磨和烘干获取,其化学组成见表 7.1。

表 7.1　电气石化学成分

成　分	质量分数/%	成　分	质量分数/%
SiO_2	37.05	Na_2O	1.19
Al_2O_3	29.80	CaO	1.18
B_2O_3	10.16	TiO_2	0.44
FeO	8.33	Cr_2O_3	0.22
MgO	8.05	K_2O	0.09

鉴于粒径较小的电气石具有较大的比表面积,且粒径大的电气石不利于搅拌过程,会干扰粒度仪对反应器中生物颗粒粒径的测定,故选择平均粒度为 50 μm 的电气石。电气石粒度分布为 $d(0.1)=35\ \mu m$, $d(0.5)=58\ \mu m$, $d(0.9)=96\ \mu m$。电气石的 SEM 图如图 7.1 所示。

图 7.1 电气石的微观结构

7.2.2 装置及运行条件

SBR 反应器有效体积 3 L,高 50 cm,直径 10 cm。反应周期依次经历进水(5 min)—厌氧(3 h)—好氧(3 h)—缺氧(2 h)—沉降(由 30 min 逐渐降低到 2 min)—排水(3 min)。周期开始前,进水经蠕动泵从反应器底部注入。在厌氧和缺氧阶段,利用磁力搅拌器将反应器内污泥处于悬浮状态并充分混合,搅拌速率 120 r/min;好氧阶段,空气经曝气泵从 SBR 底部曝气头内进入反应器,曝气速率 0.15 m³/h。缺氧运行结束后,污泥进行沉降,随后排除 1.5 L 上清液,即反应器体积交换率为 50%。R1 不投加电气石作为对照试验,R2 中电气石浓度 2 g/L(一次性投加)。每天缺氧末期排泥 100 mL,将 SRT 控制在 30 天。接种污泥取自大连凌水河 CAST 工艺的污水处理厂。R1 和 R2 起始污泥接种浓度 MLSS 和 MLVSS 分别约 3500 mg/L 和 2300 mg/L。进水为人工合成模拟废水(详见第 2 章),COD:N:P 设置为(150 逐渐增加到 500):15:5。

7.2.3 分析项目和方法

根据标准方法测定 COD、NH_4^+-N、P、NO_3^--N、NO_2^--N、MLSS、MLVSS 和 SVI[147]。利用激光粒度仪测定粒径(MasterSizer 2000,Malvern,UK)。利用 Multi 3430 analyzer 记录 ORP(SenTix900 ORP meter,WTW,Germany)。利用 SEM 考察颗粒的微观结构(FEI Quanta 200)。EPS 提取采用修正后的热提取法[152,153]。R1 和 R2 稳定运行时期,选定一个周期(包括厌氧、好氧和缺氧,不包括进水和沉降时间段),每隔 30 s 记录 ORP 值,绘制曲线。

7.3 实验结果与讨论

7.3.1 活性污泥的颗粒化过程

R1 和 R2 反应器内污泥粒径变化趋势如图 7.2 所示。图中显示,随着反应器的运行,污泥的粒径均逐渐增加,但是 R2 的粒径始终低于 R1。运行至约 60 天后,R1 中污泥粒径显著增加,而 R2 中污泥粒径增长速度明显低于 R1。在此实验中,以 SVI_5 与 SVI_{30} 小于 10% 作为颗粒化完成的指示终点[204],在运行至 80 天时,R1 内污泥实现完全颗粒化,$d(0.5)$ 维持在 400 μm 左右,而此时 R2 依然是颗粒和絮状污泥的混合体,$d(0.5)$ 维持在 200 μm 左右。SEM 显示(图 7.3),R2 中颗粒结构松散,且电气石会镶嵌在颗粒上。由于电气石密度大于活性污泥,镶嵌有电气石的 R2 中污泥沉降性能较好,从培养初期到末期,R1 和 R2 内污泥沉降速度从 3.9 m/h 分别增加到 23.5 m/h 和 27.2 m/h。在设定的沉降时间内,两个反应器中污泥均可以迅速沉降到反应器底部,不会随出水排出反应器。

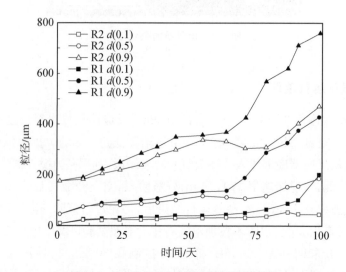

图 7.2 R1 和 R2 反应器内污泥粒径变化

EPS 在颗粒化过程起到重要作用,它可以作为最初接触面促进细胞在活性污泥中的黏附,通过桥联细胞和其他颗粒状物质形成好氧颗粒污泥,继而显著影响污泥的颗粒化过程[3,11]。表 7.2 为 R1 和 R2 中 PN 和 PS 含量测定结果,可以看出,R2 中 PN 和 PS 均高于 R1。理论上,高产量的 PS 和 PN 可以促进颗粒化进程,但是 R2 的颗粒化速率以及颗粒粒径却低于 R1。李义菲等[257]在研究电气石对厌氧氨氧化反应器的脱氮性能影响时,也发现同样的颗粒化受阻现象。分析原因可能因为电气石晶体表面的金属离子在水溶液中会被脱离,导致电气石表面正电荷缺失而呈负电[258],而微生物表面同样呈现负电性,镶嵌在 R2 中新生颗粒上的电气石会与之产生静电斥力,阻碍微生物在颗粒上进一步的黏附,导致 R2 的颗粒化过程受阻,且形成的颗粒粒径较小。

图 7.3　运行 100 天时 R1 和 R2 内颗粒的微观结构

表 7.2　R1 和 R2 中胞外蛋白和胞外多糖含量

时间(第 58 天)	R1	R2
PN/(mg/g VSS)	12.51	17.71
PS/(mg/g VSS)	4.87	10.33
MLVSS/(g/L)	6.976	7.046

7.3.2　反应器处理性能比较

运行 100 天内反应器 R1 和 R2 处理效果随时间变化如图 7.4～图 7.5 所示。随着反应器的运行,R1 和 R2 对 COD、NH_4^+-N 和 TP 去除率均逐渐提高,但是 R2 中 COD、NH_4^+-N 和 TP 去除效率始终高于 R1。第 21 天时,R2 和 R1 的 TP 去除率分别为 97% 和 86%,随后 R2 的除磷效果保持稳定,而 R1 依然保持逐渐增加趋势。在第 30 天时 R1 中 COD、NH_4^+-N

和 TP 去除率达到最高并随后保持稳定。

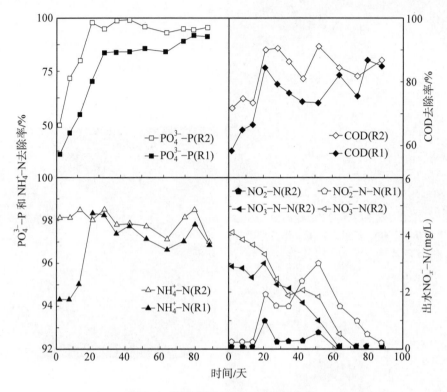

图 7.4　运行期间 R1 和 R2 处理效果

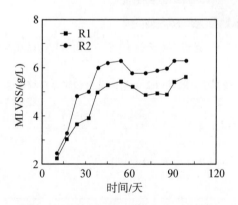

图 7.5　R1 和 R2 反应器内 MLVSS 变化

虽然进水中未投加 $NO_2^- - N$ 和 $NO_3^- - N$,但是在 R1 和 R2 的出水中会检测到不同浓度的 $NO_2^- - N$ 和 $NO_3^- - N$(图 7.4),说明在运行过程中发生了硝化过程,$NH_4^+ - N$ 在每个周期的好氧环境下,被亚硝化菌和硝化菌利用,生成 $NO_2^- - N$ 和 $NO_3^- - N$。但是随着反应器的运行,出水中两者的浓度逐渐降低,R2 和 R1 的出水分别在第 65 天和第 90 天之后不再检出 $NO_2^- - N$ 和 $NO_3^- - N$,可见 R1 和 R2 中污泥经过培养后其反硝化能力均逐渐提高,且 R2 的反硝化能力提高速度更快。另外,值得注意的是,R2 出水中 $NO_2^- - N$ 和 $NO_3^- - N$ 的含量始终低于 R1,说明 R2 的反硝化效果始终优于 R1。

通过上述分析可以得出以下结论,投加电气石使反应器更快地实现高效脱氮除磷过程。蒋侃等[259]和韩雅红等[260]分别在电气石影响生物处理石化废水和模拟生活污水的研究中也得到类似的结论,即负载电气石能强化反应器处理性能和速率。

由于 R2 中额外投加电气石,且随着反应器的运行会通过定期排泥流失部分电气石,不能准确地以 MLSS 反映 R2 中的污泥浓度,因此,此实验以 MLVSS 定量分析 R1 和 R2 中生物量的变化趋势。图 7.5 所示是 R1 和 R2 反应器内 MLVSS 变化。随着反应器的运行,R1 和 R2 中生物量在前 60 天内迅速增加,而 R2 的生物量始终高于 R1。运行至 24 天时,R1 和 R2 中 MLVSS 从接种初期的 2 300 mg/L 分别增加至 3 680 mg/L 和 3 750 mg/L。随后 R2 中 MLVSS 增长量明显提高,在运行至 60 天时,R2 中 MLVSS 比 R1 高出 152 mg/L。

鉴于两个反应器唯一的区别在于 R2 中投加了电气石,由此可以推断电气石会促进 R2 内菌体的繁殖,这与已有的报道结果一致,即电气石可以明显促进微生物的繁殖功能[250,261,262]。

7.3.3 比好氧/缺氧吸磷速率批次实验

图 7.6 所示为 R1 和 R2 中污泥的比好氧/缺氧吸磷速率。R1 中以 O_2 为电子受体的 PAOs 的 SAPUR 为 17.86 mg P/(gVSS·h),比 R2 高出 23.69%。R1 中 SNAPUR 和 SNIPUR 分别为 9.96 mg P/(gVSS·h) 和 10.79 mg P/(gVSS·h),而 R2 中 SNAPUR 是 R1 的 93.28%,R2 中 SNIPUR 仅是 R1 的 11.48%,可见,投加电气石不能提高反应器内 PAOs 的 SAPUR 和 SNPUR。分析其原因可能是 R2 内絮状污泥和颗粒污泥的粒径小,导致适宜 DNPAOs 的缺氧空间小,不利于其大量繁殖,而好氧吸磷过程由 PAOs 和 DNPAOs 共同参与,所以单位生物量下 R2 的好氧/缺氧吸磷能力均低于 R1。但是,R2 反应器整体除磷效率始终高于 R1(图 7.4),此现象可能与 R2 中较高的生物量相关,即电气石通过促进微生物的繁殖

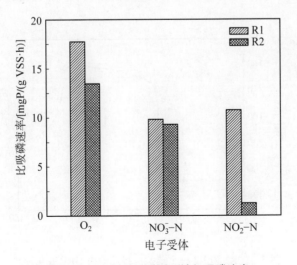

图 7.6 R1 和 R2 比好氧/缺氧吸磷速率

提高了 R2 中生物量,因此与 R1 相比,R2 可以更好地处理相同负荷的废水。

7.3.4 电气石对好氧反硝化的影响

表 7.3 为 R1 和 R2 内污泥进行好氧反硝化批示试验时 $NO_3^- - N$ 和 $NO_2^- - N$ 含量变化及其比消耗速率。结果显示,当电子受体为 $NO_3^- - N$ 或 $NO_2^- - N$ 时,R2 的好氧反硝化能力均大于 R1,即电气石强化了反应器的好氧反硝化能力,使 R2 尽快实现脱氮过程。有研究指出[251],电气石可以降低菌液体系的 ORP,进而明显促进好氧反硝化菌的繁殖和好氧反硝化能力。图 7.7 所示为运行到 100 天时,R1 和 R2 一个典型周期内 ORP 变化曲线,整个周期内 R2 中 ORP 始终低于 R1,即投加电气石使体系的 ORP 降低约 10%。因此认为,R2 中电气石对 ORP 的调控加速了其高效脱氮过程。

表 7.3 批示试验中 R1 和 R2 中 $NO_2^- - N$ 和 $NO_3^- - N$ 含量变化及其比好氧反硝化速率

含量	时间	R1	R2
$NO_3^- - N/(mg/L)$	0 min	29.69	27.55
	15 min	24.08	19.83
$NO_2^- - N/(mg/L)$	0 min	13.05	13.24
	15 min	10.43	10.59
MLVSS/(g/L)		5.98	5.40
SANADR /[$mgNO_3^- - N/(g\ VSS \cdot h)$]		3.75	5.72
SANIDR /[$mgNO_2^- - N/(g\ VSS \cdot h)$]		1.75	1.96

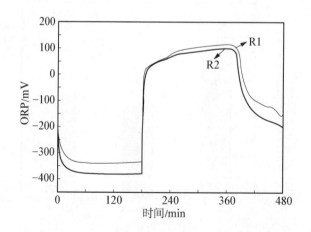

图 7.7 R1 和 R2 一个典型运行周期内 ORP 变化曲线

7.4 本章小结

颗粒化过程中,R2 中 PS 和 PN 均高于 R1,而电气石会镶嵌在新生颗粒污泥表面,其电负性会限制微生物黏附,R2 中污泥平均粒径约为 R1 的 1/2,即电气石会延缓粒径的增长和污泥的颗粒化过程。

运行至 21 天时,R2 中较高的 MLVSS 使其除磷效率达到 97%,而 R1 仅为 86%。R2 中比好氧/缺氧吸磷能力均低于 R1,但 R2 中较高的生物量使其整体除磷效率始终高于 R1。可见,电气石可以通过促进微生物的繁殖能力和生物量提高反应器的除磷性能。

电气石会明显提高活性污泥的好氧脱氮能力,整个运行期间,R2 出水中 NH_4^+-N、NO_2^--N 和 NO_3^--N 含量始终低于 R1,即投加电气石可使反应器更快地实现高效脱氮过程。

第8章

好氧颗粒污泥处理海水养殖尾水的研究

8.1 引言

目前,海水养殖密度过大、人工饲料转化率低的不合理现象,使养殖底泥大量堆积,严重影响池内的生态环境[263],而海水养殖底泥含有大量的剩余饵料、养殖生物代谢产物和微生物等成分,富含碳源、氮和磷等营养物质[264],长期堆积无疑是一种能源的浪费。另外,海水养殖尾水中常见的污染物包括有机物、NH_4^+-N、NO_2^--N、NO_3^--N 和 $PO_4^{3-}-P$ 等物质,处理不当会加剧沿岸水域富营养化程度[265,266]。与工业废水和生活污水相比,海水养殖尾水具有水量大和污染物含量低的特点,且存在盐度效应,增加了海水养殖尾水的处理难度[267]。基于上述问题,创新研发基于海水养殖特点的底泥资源化和无害化及尾水处理技术,对有效削减行业生产所致污染,改善水环境质量,尤为迫切。

8.1.1 养殖底泥处理技术概况

底泥处理技术是指在湖泊、水库或者池塘等水域内,利用物理、化学或生物方法减少受污染底泥容积、降低污染物的溶解度、毒性或迁移性,并减少污染物的释放[268,269]。目前针对池塘养殖方面的底泥修复,主要有化学处理技术、物理处理技术和生物处理技术。

化学处理技术是指通过投加含氧量高的化合物,补充底泥中有机物分解所需的氧,减少 H_2S 和 NH_3 等厌氧代谢产物的生成量[270]。目前应用较多的是硝酸盐和铝盐[271,272]。物理处理技术主要通过人工曝气、破坏分层等方法造成异重流,提高底层水体的 DO 含量和水体温度,加速水体和底泥中污染物的降解[273]。相对于化学处理技术而言,物理处理技术作为底泥处理技术效果明显,可以与疏浚技术结合使用,但一次性投资较大,同时物理处理技术会破坏湖泊原有的生态系统,可能会导致新的生态危机。

生物处理技术是指利用底泥中生物的代谢活动降解污染物,减轻其毒性,改变有机污染物结构、重金属的活性或在底泥中的结合态,通过改变污染物的化学或物理特性而影响其在环境中的迁移、转化和降解速率,从而对底泥污染物进行处理[269,273]。相对而言,微生物修复养殖底泥的成本低,不会破坏原有生态,因此具有相对广阔的市场前景。

8.1.2 海水养殖尾水处理技术概况

目前,国内外海水养殖尾水处理方法主要有物理处理法、化学处理法和生物处理法。

物理方法是用沉淀池沉淀、砂滤池过滤和沸石粉吸附等方式,将水中的杂质和污染物去除,但对可溶性有机物、无机物、氮和磷等的去除效果不佳[274]。早期使用的化学处理方法,虽然硫酸铜、漂白粉或孔雀石绿等水质改良剂对养殖废水的处理有一定效果,但会对环境产生二次污染,有些方法还会对人体造成伤害,现在已禁止使用[275]。

生物法处理过程中没有副产物且不需要进一步深度处理,处理成本低于物理法和化学法。目前,研究较多的生物处理工艺主要有生物接触氧化、生物转盘、生物流化床、生物絮体和活性污泥技术等[276-280]。在众多生物处理工艺中,SBR 具有明显的优势,其工艺流程简单、基建费用及运行费用低,可对运行方式、运行顺序及反应时间等参数进行实时控制,实现好氧、缺氧或厌氧等交替运行,部分研究者尝试将 SBR 工艺引入海水养殖尾水处理过程中,已经取得良好的脱氮效果[280,281]。

8.1.3 好氧颗粒污泥处理水产养殖废水及底泥的研究

目前的大部分好氧颗粒污泥 SBR 工艺主要用于处理生活污水或工业废水等淡水污染源,且接种污泥主要选取城市污水处理厂活性污泥。有少部分研究者将此工艺用于处理淡水养殖废水,并取得一定进展。例如陈家捷[277]和高锦芳等[282]的研究证实,在 SBR 中以淡水罗非鱼养殖系统中生物絮体作为接种污泥可以驯化出好氧颗粒污泥,其对淡水水产循环养殖废水具有良好的处理效果。

近年来,对好氧颗粒污泥的应用也逐渐向处理含盐废水的方向转变,例如有研究者尝试以取自污水处理厂的活性污泥为接种污泥培养好氧颗粒污泥,随后通过逐渐提高系统的盐度驯化好氧颗粒污泥,再利用其处理的含盐废水[228,283-285]。例如,Meng 等[283]将驯化后的好氧颗粒污泥处理 1%~4% 盐度的污水,实验结果显示低盐度不会对颗粒的稳定性产生不利影响,而当污水的盐度增至 4% 时,EPS 累积量会降低,继而破坏颗粒污泥的稳定性。以此种方式操作,即先在系统中培养出颗粒污泥,再用于处理不同盐度的污水,存在明显的弊端,其中最突出的是耗时长、影响参数多,且后续调控及破碎颗粒修复过程烦琐复杂,因此并不是理想的含盐污水处理的工艺思路。

海水养殖底泥中的微生物,经过长期的筛选,存在可吸收或代谢氮或磷的耐盐性硝化菌、反硝化菌和 PAOs 等功能菌群,但是,这些菌群未经过强化不能得到有效的富集,因此无法高效地发挥脱氮除磷功能。一般情况下,硝化菌属于好氧菌,反硝化细菌为兼性菌,而PAOs 需要交替的厌氧和好氧或缺氧条件进行除磷,这些微生物在海水养殖系统中不能同时有效地发挥各自性能,而好氧颗粒污泥的分层结构,可以为不同需求的微生物提供适宜的生态位。

然而,直接以海水养殖尾水和底泥培养稳定的耐盐性好氧颗粒污泥,深入分析颗粒化和脱氮除磷机理,并利用其处理海水养殖尾水的研究未见报道。

本章节拟以海水养殖底泥为接种污泥,配置模拟海水养殖尾水为进水,研究适于慢速生长的 AOB、NOB、PAOs 和反硝化菌代谢的运行模式,培养出稳定的耐盐性反硝化除磷好氧颗粒污泥。对比分析 SBR 系统中相关的营养物质成分,确定功能菌群在 SBR 中的生存机制。结合高通量测序法,确定海水系统中优势微生物(耐盐的硝化菌、反硝化菌和除磷菌)。结合周期实验检测 COD、NH_4^+-N、NO_3^--N、NO_2^--N 和 $PO_4^{3-}-P$ 的去除过程,分析脱氮除磷机理,从生化反应产物的角度研究强化后底泥的脱氮除磷代谢途径。为提高海水养殖尾水循环利用,并实现海水养殖底泥的颗粒化稳定性调控及资源化和无害化处理,提供理论依据和实验基础。

8.2 实验与方法

8.2.1 底泥和进水水质

接种污泥选自大连新碧龙海产有限公司海参养殖池塘的底泥,污泥由于长时间处于厌氧状态,整体呈现黑色。另外,底泥中含有部分贝壳、海螺和沙砾等物质。经过滤网过滤后,将一定浓度的泥水混合液接种至 SBR 中进行驯化,以适宜脱氮除磷微生物生长和代谢的 A/O/A 模式培养污泥。

以小分子有机物、氯化铵和磷酸二氢钾作为模拟废水的碳源、氮源和磷源。盐度及微量元素由海水晶提供,海水晶成分见表 8.1。为防止实验进水变质,将其储存在低温冰箱内。实验进水中总有机碳(TOC)、NH_4^+-N、PO_4^{3-}-P 以实际废水中污染物浓度均值作为参考,浓度分别为 160 mg/L±20 mg/L、14 mg N/L±0.5 mg N/L 和 3.5 mg P/L±0.5 mg P/L。

表 8.1 海水晶成分

项目	浓度/(mg/L)	项目	浓度/(mg/L)	项目	浓度/(mg/L)
Na^+	9 880	SO_4^{2-}	2 500	Sr^+	7.5×10^{-3}
Mg^{2+}	950	K^+	360	Se^{6+}	3.5×10^{-4}
Cl^-	18 025	Ca^{2+}	300	Mn^{2+}	0.013
Zn^{2+}	0.015	Mo^{6+}	3×10^{-3}	I^-	0.07
Fe^{2+}	0.13	Co^{2+}	3×10^{-4}	Cu^{2+}	0.05

8.2.2 SBR 反应器及启动调控

SBR 设计高度为 80 cm(运行期间液面高度)、直径为 8 cm,有效体积 4 L。为防止曝气时液体外溢,SBR 的总高度设计为 90 cm。在 SBR 中,接种适量海水养殖底泥,以交替的 A/O/A 模式运行。实验初期,为了防止底泥大量流失,沉淀时间依据污泥的沉淀速度而定,待污泥的沉降速率随着颗粒化的进行有所提高后,将沉降时间逐渐降低至 3 min、1 min 或 30 s 以促进颗粒化进程。

8.2.3 测试项目和分析方法

为了考察系统的处理能力和污泥形态的变化过程,定期地测定反应器水质和污泥特性的变化。取一定体积的泥水混合物经 0.45 μm 膜过滤后,进行水样分析。TN 和 TOC 采用 TN/TOC 分析仪测定,NH_4^+-N 采用靛酚蓝分光光度法测定,NO_2^--N 采用萘乙二胺分光光度法测定,NO_3^--N 采用锌-镉还原法测定,PO_4^{3-} 采用磷钼蓝分光光度法测定。

MLSS、MLVSS 和 SVI 浓度根据标准方法测定[147]。EPS 的提取采用修正后的热提取法[152,153]。利用马尔文激光粒度仪(MasterSizer 2000, Malvern, UK)测定不同时期污泥的粒度变化和分布情况。

8.2.4 细菌同源进化性分析

提取过程按照 FastDNA SPIN Kit for Soil 试剂盒操作流程进行,聚合酶链式扩增采用 TaqDNA 聚合酶试剂盒。提取总 DNA,扩增 16S rRNA 基因,构建 16S rRNA 基因克隆文库。

通过高通量测序和宏基因组定性分析确定优势目标菌群的种类演变、多样性和丰度等变化。选取种泥、颗粒化中期和末期成熟颗粒污泥,利用干冰瞬间冷冻,共享上海美吉生物公司等单位的设备条件,直接对取自环境中的微生物样品进行分析和研究。然后用计算机软件对测序结果进行分析。对比具有脱氮除磷功能的菌群的强化程度,确定耐盐性反硝化菌种和耐盐性除磷菌种归属。

8.3 实验结果与讨论

8.3.1 海水养殖底泥颗粒化过程中形态变化

接种污泥经过滤网过滤后,将一定浓度的泥水混合液接种至 SBR 中进行驯化,经过过滤的接种底泥依然存在一些细小的泥沙,底泥的整体微观形态呈现不规则、松散的分布状态(图 8.1a、b)。在 SBR 中,以适宜脱氮除磷微生物生长和代谢的 A/O/A 模式培养接种底泥。

图 8.1　运行期间污泥形态变化 SEM 图

(a)(b)接种底泥低、高倍放大图;(c)(d)驯化后污泥低、高倍放大图(D1 和 D2 是颗粒表面细节图)

在 SBR 中经过一定时间的培养和驯化后,底泥呈现明显的团聚现象(图 8.1c),粒径显著增加(图 8.2),且在高倍镜下可以观察到团状污泥表面出现部分丝状菌及大量的球菌和杆菌(图 8.1d)。有研究指出,在污泥的颗粒化过程中,丝状菌可构建三维结构,为黏附生长的细菌提供稳定的环境。由此可见,利用 SBR 驯化海水养殖底泥,可以实现松散底泥的颗粒化过程。

图 8.2 显示,接种污泥中,MLVSS 和 MLVSS/MLSS 分别为 1.04 g/L 和 30%,但是随着反应器的运行,MLSS、MLVSS 和 MLVSS/MLSS 均显著提高,说明实验过程提供的环境有利于微生物的繁殖。另外,接种污泥的初始 SVI_{30} 值较高(199.72 mL/g),污泥沉降性较差,随着颗粒化的进行,污泥沉降性得到了大幅的改善,在运行至 45 天时,SVI_{30} 降低到 40.2 mL/g。将 SVI 和 SVI_{30} 的差异小于 10% 作为颗粒化完成的标识[204],可以看出,45 天后,养殖底泥实现了颗粒化,成熟的颗粒污泥平均粒径较小(约 350 μm)。

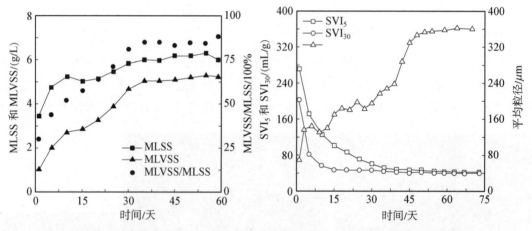

图 8.2 底泥驯化过程中 MLSS、MLVSS、MLVSS/MLSS、SVI 和污泥粒径变化

8.3.2 EPS 变化趋势

EPS 的变化如图 8.3 所示。在颗粒化初期,LB PS 浓度从 1.34 mg/g MLVSS 增加到 3.67 mg/g MLVSS,并在颗粒化后保持不变。LB PN 浓度随着颗粒化过程的进行而增加,在第 43 天达到最大值(12.01 mg/g MLVSS)。TB PN 和 TB PS 浓度在此期间也有所增加。相应地,EPS 的总浓度在最初 45 天内急剧增加。值得注意的是,EPS 的最大浓度约为 32 mg/g MLVSS,远低于大粒径颗粒污泥文献中 EPS 的浓度[286]。由于好氧颗粒污泥被认为是 PN 和 PS 的复合物理水凝胶[226],在本章实验中 EPS 的低浓度可能是由于以下原因。首先,由于模拟海水养殖尾水中营养物质的浓度较低,在富集生物量后,微生物无法获得足够的营养物质分泌更多的 EPS。其次,高盐条件下生长缓慢的微生物,包括硝化菌、DNPAOs、反硝化 DNGAOs 和自养反硝化菌(后面讨论)的积累减缓了生物量的过度生长。再者,实验中采用了低搅拌速度和曝气率,虽然能降低能耗,但是产生相对较低的水动力剪切力,不能刺激微生物分泌更多的 EPS。

颗粒化后,EPS 组分的增加趋势发生了变化。其中,LB PN 浓度从第 43 天的 12.01 mg/g

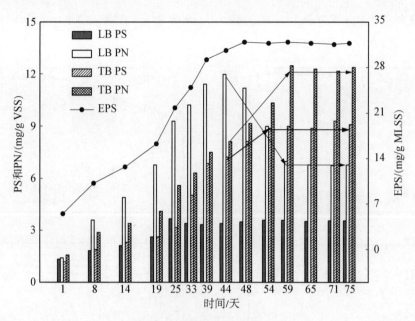

图 8.3 驯化过程中 EPS 变化

MLVSS 迅速下降到第 59 天的 6.4 mg/g MLVSS,与这一时期 TB PS 和 TB PN 浓度增加的总量相平衡。结果表明,颗粒化后 EPS 的总浓度几乎没有变化。因此认为,本研究中颗粒的尺寸维持与颗粒化后总 EPS 相对恒定的浓度密切相关。

据报道,PS 所含大量极性基团对水有很强的结合能力,PS 浓度的增加可以限制水在细胞内外的运输,进而避免细胞脱水。因此,微生物倾向于分泌 PS 来减少盐度造成的损害[287-289]。此外,Wang 等[290]提出 PS 和 PN 可以减轻细胞受到的盐胁迫效应。在本章研究中,LB PS、LB PN、TB PS 和 TB PN 的浓度在颗粒化过程中升高,而 LB PN 的分泌速度高于其他组分。从第 44 天到第 59 天,TB PS 和 TB PN 浓度保持上升趋势,而 LB PN 浓度迅速下降。说明 LB PN 有利于颗粒幼体的形成,在颗粒成熟后,微生物通过增加 TB PS 和 TB PN 的分泌量来改变其代谢,从而更好地保护自身免受海水带来的盐胁迫。同时,EPS 的总分泌量保持在一个稳定的水平,阻碍了成熟颗粒污泥的过度生长。

8.3.3 驯化过程中底泥的污染物脱除效果变化

培养过程中污泥对污染物的去除性能如图 8.4 所示。第 1 天,养殖底泥不能有效处理人工养殖废水,PO_4^{3-}-P、TOC、NH_4^+-N 和 TN 去除率分别为 7.0%、5.79%、9.8% 和 7.1%(图 8.4a~d)。此外,虽然模拟海水养殖尾水中并未投加 NO_2^--N 和 NO_3^--N,但是在出水中可以检测到二者(图 8.4e、f)。说明海水养殖底泥中确实存在具有硝化、反硝化或除磷能力的功能性微生物,但由于这些污染物未能在海水养殖系统底部富集(MLVSS 浓度较低,如图 8.2 所示),因此不能有效处理污水中的污染物。颗粒化完成后,PO_4^{3-}-P、NH_4^+-N、TOC 和 TN 的去除率分别达到 96%、100%、91% 和 97%,表明对海水养殖尾水污染物的去除性能得到了有效的改善和提高。

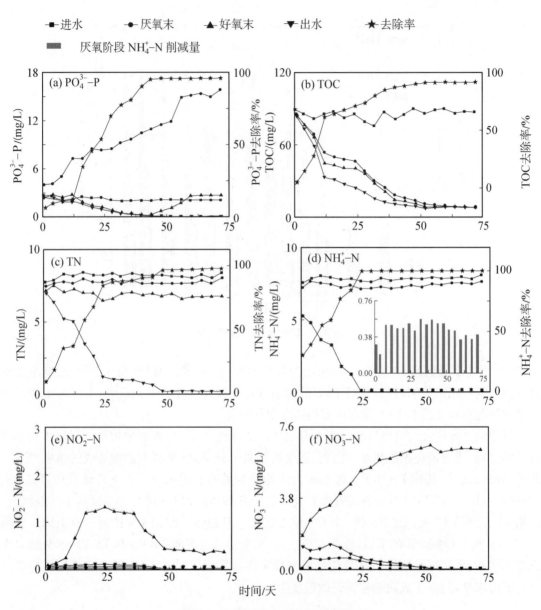

图 8.4 驯化过程中污染物去除情况

8.3.3.1 对磷的去除效果

如图 8.4a 所示,厌氧磷释放量随着颗粒化过程迅速增加,在第 50 天左右达到较高的平台期。大部分 $PO_4^{3-}-P$ 在好氧阶段被去除,$PO_4^{3-}-P$ 去除效率在第 44 天达到最高值。典型的厌氧磷释和好氧吸磷表明,海水养殖底泥中的 PAOs 在 SBR 中培养后得到成功的积累和富集。需要注意的是,尽管大部分 $PO_4^{3-}-P$ 在 28～40 天的好氧阶段被去除,但 $PO_4^{3-}-P$ 的去除效率在 40 天仅达到 90%。颗粒化后,尽管好氧末期 $PO_4^{3-}-P$ 浓度的检测值有所增,但是缺氧条件下的 $PO_4^{3-}-P$ 去除能力明显增加,以此提高了整体的 $PO_4^{3-}-P$ 去除效率,这一现象可能是在成熟颗粒中富集了 DNPAOs 所致。

8.3.3.2 对氮的去除效果

1) 对 NH_4^+-N 去除效果

随着培养过程的进行,24 天后 NH_4^+-N 去除率达到 100%(图 8.4d),好氧阶段末期 NO_2^--N 和 NO_3^--N 浓度同步增加(图 8.4e、f),表明 SBR 中海水养殖底泥的硝化性能快速提高。

值得注意的是,图 8.4d 显示,厌氧阶段结束时 NH_4^+-N 的浓度始终低于进水 NH_4^+-N 的浓度,说明在整个运行过程中,厌氧条件下会消耗一定量的 NH_4^+-N。这种现象可能是由于以下原因,首先,细胞生长需要同化一定量的 NH_4^+-N[155]。其次,一部分 NH_4^+-N 被带负电荷的基团吸附到 EPS 或微生物细胞壁上[215]。再者,高通量分析(见后续讨论)显示在污泥中检测到能够进行厌氧氨氧化的放线菌属 *Actinomarinales*[291],其含量随着运行过程不断增加,因为认为 *Actinomarinales* 对厌氧 NH_4^+-N 浓度降低具有一定影响。

在本章研究中,体积交换速率为 50%,前一个循环周期的残留物可以留在反应器中成为下一个循环的污染物。因此,虽然模拟海水养殖尾水中未添加 NO_2^--N 和 NO_3^--N,上一周期形成的 NO_2^--N 和 NO_3^--N 会留存在反应器中,成为下一个周期中厌氧阶段的污染物,导致从第 1 天到第 45 天进水后采集的水样中均能检测到 NO_2^--N 和 NO_3^--N(图 8.4e、f)。上一周期留存的 NO_2^--N 可以作为 NH_4^+-N 的电子受体被厌氧氨氧化细菌在厌氧阶段所利用。颗粒化结束后,出水中几乎检测不到 NO_2^--N 和 NO_3^--N(图 8.4e、f),厌氧阶段 NH_4^+-N 的减少量随后下降(图 8.4d)。但是 *Actinomarinales* 的相对丰度仍然增加,这可能是由于成熟颗粒的厌氧核为 *Actinomarinales* 提供了适宜的环境。即使在外部为好氧条件下,生活在颗粒内的 *Actinomarinales* 也可以利用一定量的 NO_2^--N 进行厌氧氨氧化,在一定程度上促进了 NH_4^+-N 和 NO_2^--N 的去除。

2) 对 TN 的去除效果

在完全颗粒化前,出水中一直能够检测到 NO_2^--N 和 NO_3^--N,导致 TN 去除效率较低,如图 8.4 所示。然而,48 天后出水中几乎不能检测到 NO_2^--N 和 NO_3^--N,表明在 SBR 颗粒化后,具有反硝化能力的微生物得到进一步繁殖和富集,提高了系统的整体 TN 去除效果,详细讨论见微生物多样性及丰度分析。

3) 对 TOC 的去除效果

每个运行周期不同阶段 TOC 浓度的变化如图 8.4b 所示。厌氧阶段 TOC 消耗量(进水 TOC 浓度与厌氧末期 TOC 浓度之差)随着颗粒化过程的进行而增加。如上所述,在 45 天的初始阶段,NO_2^--N 和 NO_3^--N 都在下一个周期的厌氧阶段被检测到,因此推测在这段时间内,反硝化微生物和 PAOs 均能消耗厌氧阶段的 TOC。前者利用一定量的 TOC 将 NO_2^--N 和 NO_3^--N 反硝化,后者吸收 TOC 合成 PHA 储备在胞内,并进一步释放 $PO_4^{3-}-P$,正如上文所述,厌氧末期 $PO_4^{3-}-P$ 浓度显著增加。值得注意的是,在完全颗粒化之前,好氧阶段(厌氧端和好氧端之间的明显差距)和缺氧阶段(好氧端和出水端之间的明显差距)的 TOC 均有不同程度的消耗。在颗粒化后,几乎所有的 TOC 都在厌氧阶段消耗,这表明在反应器中发生了群落演替。

8.3.4 微生物群落动态及功能群鉴定

采用高通量测序技术对 SBR 污泥样品进行检测，评估海水养殖的盐度条件下 SBR 内污泥的微生物群落动态和功能微生物的演化。并从微生物的角度进一步揭示海水养殖底泥向耐盐好氧颗粒污泥的转化过程。

8.3.4.1 微生物群落动态变化

对底泥(B1)、运行至 35 天(B2)和 56 天(B3)的污泥进行微生物多样性分析，结果见表 8.2。B1、B2 和 B3 的高覆盖率估计数(>99%)表明收集的基因序列能够较好地代表微生物群落。污泥样品的 ACE 和 CHAO 值从 B1 到 B3 均明显降低，说明耐盐好氧颗粒污泥形成后，海水养殖底泥中群落丰度降低。同时，3 个泥样中的 Shannon 值和 Simpson 值分别降低和增加，说明在本研究提供特定的实验操作条件下，部分不能适应 SBR 内运行环境的微生物种群逐渐被淘汰。从另一个角度上分析，可以证明这些菌属不是耐盐好氧颗粒污泥形成的关键性菌群。

表 8.2 B1、B2 和 B3 中微生物的多样性

样本	覆盖率	ACE 指数	CHAO 指数	Shannon 指数	Simpson 指数
B1	0.998 2	1 123.392 1	1 116.818 2	5.383 8	0.021 96
B2	0.996 4	1 079.084 9	1 086.966 1	4.599 8	0.024 65
B3	0.997 3	662.159 3	674.467 7	3.928 9	0.090 1

在海水养殖底泥中，也有一些耐盐功能微生物逐渐演化为反应器中的优势种群。例如，*Gammaproteobacteria* class 从 10.97%(B1)增加到 37.14%(B3)，*Actinobacteria* class 从 6.49%(B1)增加到 9.52%(B3)，WWE3 类从 0.07%(B1)增加到 5.64%(B3)。在属水平上(表 8.3)，虽然颗粒化后的优势属总数显著小于海水养殖底泥的总数，但优势属占整个群落的比例(>1%)从 9.46%增加到 76.43%。由此可见，只有适应环境的耐盐功能微生物才能在耐盐好氧颗粒污泥中繁殖并成为优势种，且成熟颗粒污泥的多样性并不一定大于接种污泥。

表 8.3 比较 B3 中主要种属(>1%)与 B1 和 B2 的不同

种 属	B1/%	B2/%	B3/%
norank_f__Arenicellaceae	—	—	28.09
unclassified_f__Rhodobacteraceae	3.1	17.8	8.6
unclassified_f__Flavobacteriaceae	0.46	0.03	6.07
norank_c__WWE3	0.07	0.04	5.64
norank_f__Caldilineaceae	1.09	3.13	5.51
norank_o__Actinomarinales	1.46	1.66	4.92
Defluviicoccus	—	—	4.89
Candidatus_Competibacter	—	—	3.06
Ilumatobacter	2.41	3.67	2.7

(续 表)

种 属	B1/%	B2/%	B3/%
unclassified_f__Saprospiraceae	0.16	0.39	1.71
IheB3-7	0.12	0.04	1.54
unclassified_f__Rhizobiaceae	0.14	0.25	1.38
norank_o__Bacteroidetes_VC2.1_Bac22	0.33	0.023	1.26
unclassified_c__Gammaproteobacteria	0.12	0.27	1.06
Sum	9.46	27.30	76.43

注:"—"表示含量低于检测限。

在颗粒化过程中和颗粒化后,许多菌属经历了先增加而后下降的变化,例如,*Ilumatobacter*,*Roseobacter_clade_CHAB-I-5_lineage*,*Pseudophaeobacter*,*Sulfitobacter*,*Marivita*,*Pseudoruegeria*,*norank_f_Propionibacteriaceae*,*Neptunomonas* 和 *Paraclostridium*。B2 中上述菌属的总百分比为 30.49%。因此推测,这些属可能与新生颗粒的形成有关,但在成熟颗粒的长期运行中可能无明显竞争优势。

8.3.4.2 鉴别去除污染物的功能性菌群

1) 除磷功能性菌群

菌属 *unclassified_f_Rhodobacteraceae*(*Alphaproteobacteria* class),*Ilumatobacter*(*Actinobacteria* class)和 *norank_f_Propionibacteriaceae*(*Actinobacteria* class)的含量在初始培养过程中呈快速上升趋势,在颗粒化完成后占比又逐渐下降。但 *unclassified_f_Flavobacteriaceae* 明显增加。据报道,*Actinobacteria* class 具有高效除磷能力[292],而 *Rhodobacteraceae* 和 *Flavobacteriaceae* 在高效反硝化除磷方面贡献显著,被视为 DNPAOs[293-295]。因此,本章研究将 *Ilumatobacter* genus 和 *norank_f_Propionibacteriaceae* 列为 PAOs,将 *unclassified_f_Rhodobacteraceae* genus 和 *unclassified_f_Flavobacteriaceae* genus 列为 DNPAOs。在颗粒化过程中,*unclassified_f_Rhodobacteraceae* genus、*Ilumatobacter* genus 和 *norank_f_Propionibacteriaceae* genus 对磷的去除起主要作用,同时 *unclassified_f_Rhodobacteraceae* genus 也参与到反硝化过程中。但颗粒化后,上述部分菌属竞争力低,被 *unclassified_f_Flavobacteriaceae* genus 所取代。在此之后,磷的去除主要归功于 *unclassified_f_Rhodobacteraceae* genus、*unclassified_f_Flavobacteriaceae* genus 和 *Ilumatobacter* genus 的代谢过程。

在本研究中,总 PAOs(*unclassified_f_Rhodobacteraceae*、*Ilumatobacter*、*norank_f_Propionibacteriaceae* 和 *unclassified_f_Flavobacteriaceae*)的百分比从 B2 的 23.2% 下降到 B3 的 17.8%,但厌氧 PO_4^{3-}-P 释放量从第 35 天到第 56 天持续增加,且 PO_4^{3-}-P 去除效率也有所提高(图 8.4a)。对比发现,与其他 3 类菌属相比,*unclassified_f_Flavobacteriaceae* genus 中的 DNPAOs 在颗粒化后得到显著富集并具备更为优异的除磷性能。此外,*unclassified_f_Flavobacteriaceae* 和 *unclassified_f_Rhodobacteraceae* 占总 PAOs 百分比从 53.53%(B1)上升到 76.85%(B2),而后进一步提高到 82.41%(B3),表明颗粒化结束后,DNPAOs 成为总 PAOs 内的主体微生物。由于 DNPAOs 的某些支系在缺氧条件下可以吸收

PO_4^{3-}-P 并进行反硝化[136],因此推断颗粒化后好氧 PO_4^{3-}-P 的吸收减少和缺氧 PO_4^{3-}-P 的吸收量增加均与 DNPAOs 菌群和含量的变化相关,这与上文中的描述相一致(图 8.4a)。

2) 反硝化菌群鉴定

众所周知,DNPAOs 除了能去除 PO_4^{3-}-P 外,还能将 NO_2^--N 和 NO_3^--N 反硝化。因此,*unclassified_f_Flavobacteriaceae* genus 和 *unclassified_f_Rhodobacteraceae* genus 也有助于去除污水中的 TN。此外,由于 PAOs 和 DNPAOs 在厌氧条件下能够吸收有机物合成 PHA[136],因此在颗粒化后一定数量的 TOC 被 *unclassified_f_Rhodobacteraceae* genus、*unclassified_f_Flavobacteriaceae* genus、*Ilumatobacter* genus 和 *norank_f_Propionibacteriaceae* genus 消耗。

根据报告,*Candidatus_Competibacter* genus 和 *Defluviicoccus* genus 是典型的 DNGAOs,可以消耗有机物并进行反硝化[294,296,297]。在本章实验中,*Candidatus_Competibacter* genus 和 *Defluviicoccus* genus 在颗粒化完成后也得到了富集(表 8.3)。因此可以推测:①上述菌属有助于反硝化过程;②除有利于反硝化外,*Candidatus_Competibacter* genus 和 *Defluviicoccus* genus 在颗粒化完成后的厌氧阶段也消耗一定的 TOC。

来自 *Gammaproteobacteria*、*Caldilineaceae*、*Bacteroidetes* 和 *Rhizobiaceae* 的微生物通常被认为是脱氮微生物[298-302]。本章实验中,底泥中的 *norank_f_Arenicellaceae* genus 属于 *Gammaproteobacteria* class 中的一种,起初其含量极少,但在颗粒化后迅速增加。B3 中,除了 *norank_f_Arenicellaceae*,属于 *Gammaproteobacteria* class 的另一类 *unclassified_c_Gammaproteobacteria* 也显著增加。另外,颗粒化结束后,*norank_f_Caldilineaceae* genus (*Caldilineaceae* family)、*IheB3-7*(*Bacteroidetes* phylum)、*norank_o_Bacteroidetes_VC2.1_Bac22*(*Bacteroidetes* phylum)和 *unclassified_f_Rhizobiaceae*(*Rhizobiaceae* family)的含量均有所提高,因此推测这些菌群同样在 TN 的去除过程中发挥了一定的作用。

8.4 本章小结

在 AOA SBR 中可以将海水养殖底泥培养成为具有反硝化和除磷性能的耐盐好氧颗粒污泥。海水养殖尾水的特性有利于限制好氧颗粒的大小。LB EPS 与初始颗粒的形成密切相关,而 TB PN 和 TB PS 则有助于微生物在颗粒化后免受不利环境的影响。虽然有些微生物有利于形成新生颗粒,但不是成熟颗粒的必要菌群。除 DNPAOs 和 DNGAOs 外,自养反硝化菌也有助于促进颗粒后的反硝化作用。

参考文献

[1] Oehmen A, Lemos P C, Carvalho G, et al. Advances in enhanced biological phosphorus removal: From micro to macro scale [J]. Water Research, 2007, 41(11): 2271-2300.

[2] Lee D J, Chen Y Y, Show K Y, et al. Advances in aerobic granule formation and granule stability in the course of storage and reactor operation [J]. Biotechnology Advances, 2010, 28(6): 919-934.

[3] Adav S S, Lee D J, Show K Y, et al. Aerobic granular sludge: Recent advances [J]. Biotechnology Advances, 2008, 26(5): 411-423.

[4] Show K Y, Lee D J, Tay J H. Aerobic granulation: Advances and challenges [J]. Applied Biochemistry and Biotechnology, 2012, 167(6): 1622-1640.

[5] Mishima K, Nakamura M. Self-immobilization of aerobic activated-sludge-a pilot-study of the aerobic upflow sludge blanket process in municipal sewage-treatment [J]. Water Science and Technology, 1991, 23(4-6): 981-990.

[6] Morgenroth E, Sherden T, Van Loosdrecht M C M, et al. Aerobic granular sludge in a sequencing batch reactor [J]. Water Research, 1997, 31(12): 3191-3194.

[7] Heijnen J J, Van Loosdrecht M C M. Method for acquiring grain-shaped growth of a microorganism in a reactor [P]. European, patent, EP0826639, 1998.

[8] Beun J J, Hendriks A, Van Loosdrecht M C M, et al. Aerobic granulation in a sequencing batch reactor [J]. Water Research, 1999, 33(10): 2283-2290.

[9] Peng D C, Bernet N, Delgenes J P, et al. Aerobic granular sludge — A case report [J]. Water Research, 1999, 33(3): 890-893.

[10] Beun J J, Heijnen J J, Van Loosdrecht M C M. N-removal in a granular sludge sequencing batch airlift reactor [J]. Biotechnology and Bioengineering, 2001, 75(1): 82-92.

[11] Tay J H, Liu Q S, Liu Y. The role of cellular polysaccharides in the formation and stability of aerobic granules [J]. Letters in Applied Microbiology, 2001, 33(3): 222-226.

[12] De Kreuk M, Van Loosdrecht M C M. Selection of slow growing organisms as a means for improving aerobic granular sludge stability [J]. Water Science and Technology, 2004, 49(11): 9-17.

[13] Qin L, Liu Y, Tay J H. Effect of settling time on aerobic granulation in sequencing batch reactor [J]. Biochemical Engineering Journal, 2004, 21(1): 47-52.

[14] Li Z, Kuba T, Kusuda T. The influence of starvation phase on the properties and the development of aerobic granules [J]. Enzyme and Microbial Technology, 2006, 38(5): 670-674.

[15] Li A J, Li X Y. Selective sludge discharge as the determining factor in SBR aerobic granulation: Numerical modelling and experimental verification [J]. Water Research, 2009, 43(14): 3387-3396.

[16] Sadri Moghaddam S, Alavi Moghaddam M R. Cultivation of aerobic granules under different pre-

anaerobic reaction times in sequencing batch reactors [J]. Separation and Purification Technology, 2015, 142:149-154.

[17] Wei D, Shi L, Yan T, et al. Aerobic granules formation and simultaneous nitrogen and phosphorus removal treating high strength ammonia wastewater in sequencing batch reactor [J]. Bioresource Technology, 2014, 171:211-216.

[18] Palmer R J, Kazmerzak K, Hansen M C, et al. Mutualism versus independence: Strategies of mixed-species oral biofilms in vitro using saliva as the sole nutrient source [J]. Infection and Immunity, 2001, 69(9):5794-5804.

[19] Tay J H, Liu Q S, Liu Y. Microscopic observation of aerobic granulation in sequential aerobic sludge blanket reactor [J]. Journal of Applied Microbiology, 2001, 91(1):168-175.

[20] Liu Y, Tay J H. The essential role of hydrodynamic shear force in the formation of biofilm and granular sludge [J]. Water Research, 2002, 36(7):1653-1665.

[21] Chen M Y, Lee D J, Tay J H. Distribution of extracellular polymeric substances in aerobic granules [J]. Applied Microbiology and Biotechnology, 2007, 73(6):1463-1469.

[22] Chen M Y, Lee D J, Yang Z, et al. Fluorecent staining for study of extracellular polymeric substances in membrane biofouling layers [J]. Environmental Science and Technology, 2006, 40(21):6642-6646.

[23] Chen M Y, Lee D J, Tay J H, et al. Staining of extracellular polymeric substances and cells in bioaggregates [J]. Applied Microbiology and Biotechnology, 2007, 75(2):467-474.

[24] Yang Z, Peng X F, Chen M Y, et al. Intra-layer flow in fouling layer on membranes [J]. Journal of Membrane Science, 2007, 287(2):280-286.

[25] McSwain B S, Irvine R L, Hausner M, et al. Composition and distribution of extracellular polymeric substances in aerobic flocs and granular sludge [J]. Applied and Environmental Microbiology, 2005, 71(2):1051-1057.

[26] Adav S S, Lee D J, Lai J Y. Effects of aeration intensity on formation of phenol-fed aerobic granules and extracellular polymeric substances [J]. Applied Microbiology and Biotechnology, 2007, 77(1):175-182.

[27] Adav S S, Lee D J, Ren N Q. Biodegradation of pyridine using aerobic granules in the presence of phenol [J]. Water Research, 2007, 41(13):2903-2910.

[28] Bos R, van der Mei H C, Busscher H J. Physico-chemistry of initial microbial adhesive interactions — its mechanisms and methods for study [J]. FEMS Microbiology Reviews, 1999, 23(2):179-230.

[29] Zita A, Hermansson M. Determination of bacterial cell surface hydrophobicity of single cells in cultures and in wastewater in situ [J]. FEMS Microbiology Letters, 1997, 152(2):299-306.

[30] Wilen B M, Gapes D, Keller J. Determination of external and internal mass transfer limitation in nitrifying microbial aggregates [J]. Biotechnology and Bioengineering, 2004, 86(4):445-457.

[31] Liu Y, Tay J H. State of the art of biogranulation technology for wastewater treatment [J]. Biotechnology Advances, 2004, 22(7):533-563.

[32] Tay J H, Liu Q S, Liu Y. Characteristics of aerobic granules grown on glucose and acetate in sequential aerobic sludge blanket reactors [J]. Environmental Technology, 2002, 23(8):931-936.

[33] Tay J H, Pan S, He Y X, et al. Effect of organic loading rate on aerobic granulation. II: Characteristics of aerobic granules [J]. Journal of Environmental Engineering-Asce, 2004, 130(10):1102-1109.

[34] Zheng Y M, Yu H Q, Sheng G P. Physical and chemical characteristics of granular activated sludge from a sequencing batch airlift reactor [J]. Process Biochemistry, 2005, 40(2):645-650.

[35] Adav S S, Chen M Y, Lee D J, et al. Degradation of phenol by aerobic granules and isolated yeast

Candida tropicalis [J]. Biotechnology and Bioengineering, 2007, 96(5): 844 - 852.

[36] Arrojo B, Mosquera-Corral A, Garrido J M, et al. Aerobic granulation with industrial wastewater in sequencing batch reactors [J]. Water Research, 2004, 38(14 - 15): 3389 - 3399.

[37] de Bruin L M M, de Kreuk M K, van der Roest H F R, et al. Aerobic granular sludge technology: an alternative to activated sludge? [J]. Water Science and Technology, 2004, 49(11 - 12): 1 - 7.

[38] Schwarzenbeck N, Borges J M, Wilderer P A. Treatment of dairy effluents in an aerobic granular sludge sequencing batch reactor [J]. Applied Microbiology and Biotechnology, 2005, 66(6): 711 - 718.

[39] Su K Z, Yu H Q. Formation and characterization of aerobic granules in a sequencing batch reactor treating soybean-processing wastewater [J]. Environmental Science and Technology, 2005, 39(8): 2818 - 2827.

[40] Jiang H L, Tay J H, Maszenan A M, et al. Bacterial diversity and function of aerobic granules engineered in a sequencing batch reactor for phenol degradation [J]. Applied and Environmental Microbiology, 2004, 70(11): 6767 - 6775.

[41] Tsuneda S, Nagano T, Hoshino T, et al. Characterization of nitrifying granules produced in an aerobic upflow fluidized bed reactor [J]. Water Research, 2003, 37(20): 4965 - 4973.

[42] Holben W E, Noto K, Sumino T, et al. Molecular analysis of bacterial communities in a three-compartment granular activated sludge system indicates community-level control by incompatible nitrification processes [J]. Applied and Environmental Microbiology, 1998, 64(7): 2528 - 2532.

[43] Williams J C, de los Reyes F L III. Microbial community structure of activated sludge during aerobic granulation in an annular gap bioreactor [J]. Water Science and Technology, 2006, 54(1): 139 - 146.

[44] Xiang Z X, Zhang L L, Chen J M. Aniline removal by aerobic granules and high-efficiency aniline-degrading bacteria [J]. Chinese Journal of Environmental Science, 2009, 30(11): 3336 - 3341.

[45] Li A J, Yang S F, Li X Y, et al. Microbial population dynamics during aerobic sludge granulation at different organic loading rates [J]. Water Research, 2008, 42(13): 3552 - 3560.

[46] Li X F, Li Y J, Liu H, et al. Correlation between extracellular polymeric substances and aerobic biogranulation in membrane bioreactor [J]. Separation and Purification Technology, 2008, 59(1): 26 - 33.

[47] Li J, Zhou Y, He M, et al. Characteristics of aerobic granules from a municipal wastewater treatment plant [J]. Chinese Journal of Applied Environmental Biology, 2008, 14(5): 640 - 643.

[48] Moy B Y P, Tay J H, Toh S K, et al. High organic loading influences the physical characteristics of aerobic sludge granules [J]. Letters in Applied Microbiology, 2002, 34(6): 407 - 412.

[49] Liu Q S, Tay J H, Liu Y. Substrate concentration-independent aerobic granulation in sequential aerobic sludge blanket reactor [J]. Environmental Technology, 2003, 24(10): 1235 - 1242.

[50] Yang S F, Tay J H, Liu Y. Inhibition of free ammonia to the formation of aerobic granules [J]. Biochemical Engineering Journal, 2004, 17(1): 41 - 48.

[51] Shi X Y, Sheng G P, Li X Y, et al. Operation of a sequencing batch reactor for cultivating autotrophic nitrifying granules [J]. Bioresource Technology, 2010, 101(9): 2960 - 2964.

[52] Chen F Y, Liu Y Q, Tay J H, et al. Rapid formation of nitrifying granules treating high-strength ammonium wastewater in a sequencing batch reactor [J]. Applied Microbiology and Biotechnology, 2015, 99(10): 4445 - 4452.

[53] Qin L, Tay J H, Liu Y. Selection pressure is a driving force of aerobic granulation in sequencing batch reactors [J]. Process Biochemistry, 2004, 39(5): 579 - 584.

[54] Jiang H L, Tay J H, Tay S T L. Aggregation of immobilized activated sludge cells into aerobically grown

microbial granules for the aerobic biodegradation of phenol [J]. Letters in Applied Microbiology, 2002, 35 (5): 439-445.

[55] Lin Y M, Liu Y, Tay J H. Development and characteristics of phosphorus-accumulating microbial granules in sequencing batch reactors [J]. Applied Microbiology and Biotechnology, 2003, 62 (4): 430-435.

[56] Adav S S, Lee D J, Lai J Y. Aerobic granulation in sequencing batch reactors at different settling times [J]. Bioresource Technology, 2009, 100 (21): 5359-5361.

[57] Liu Y Q, Tay J H. Influence of cycle time on kinetic behaviors of steady-state aerobic granules in sequencing batch reactors [J]. Enzyme and Microbial Technology, 2007, 41 (4): 516-522.

[58] Bossier P, Verstraete W. Triggers for microbial aggregation in activated sludge? [J]. Applied Microbiology and Biotechnology, 1996, 45 (1-2): 1-6.

[59] McSwain B S, Irvine R L, Wilderer P A. Effect of intermittent feeding on aerobic granule structure [J]. Water Science and Technology, 2004, 49 (11-12): 19-25.

[60] Tay J H, Liu Q S, Liu Y. The effect of upflow air velocity on the structure of aerobic granules cultivated in a sequencing batch reactor [J]. Water Science and Technology, 2004, 49 (11-12): 35-40.

[61] Dulekgurgen E, Artan N, Orhon D, et al. How does shear affect aggregation in granular sludge sequencing batch reactors? Relations between shear, hydrophobicity, and extracellular polymeric substances [J]. Water Science and Technology, 2008, 58 (2): 267-276.

[62] Yang S F, Tay J H, Liu Y. A novel granular sludge sequencing batch reactor for removal of organic and nitrogen from wastewater [J]. Journal of Biotechnology, 2003, 106 (1): 77-86.

[63] Lochmatter S, Holliger C. Optimization of operation conditions for the startup of aerobic granular sludge reactors biologically removing carbon, nitrogen, and phosphorous [J]. Water Research, 2014, 59: 58-70.

[64] De Kreuk M K, Heijnen J J, Van Loosdrecht M C M. Simultaneous COD, nitrogen, and phosphate removal by aerobic granular sludge [J]. Biotechnology and Bioengineering, 2005, 90 (6): 761-769.

[65] Mosquera Corral A, De Kreuk M K, Heijnen J J, et al. Effects of oxygen concentration on N-removal in an aerobic granular sludge reactor [J]. Water Research, 2005, 39 (12): 2676-2686.

[66] McSwain B S, Irvine R L, Wilderer P A. The influence of-settling time on the formation of aerobic granules [J]. Water Science and Technology, 2004, 50 (10): 195-202.

[67] Yang S F, Li X Y, Yu H Q. Formation and characterisation of fungal and bacterial granules under different feeding alkalinity and pH conditions [J]. Process Biochemistry, 2008, 43 (1): 8-14.

[68] Jiang H L, Tay J H, Liu Y, et al. Ca^{2+} augmentation for enhancement of aerobically grown microbial granules in sludge blanket reactors [J]. Biotechnology Letters, 2003, 25 (2): 95-99.

[69] Wang S, Shi W, Yu S, et al. Formation of aerobic granules by Mg^{2+} and Al^{3+} augmentation in sequencing batch airlift reactor at low temperature [J]. Bioprocess and Biosystems Engineering, 2012, 35 (7): 1049-1055.

[70] Kong Q, Ngo H H, Shu L, et al. Enhancement of aerobic granulation by zero-valent iron in sequencing batch airlift reactor [J]. Journal of Hazardous Materials, 2014, 279: 511-517.

[71] Yan L, Liu Y, Wen Y, et al. Role and significance of extracellular polymeric substances from granular sludge for simultaneous removal of organic matter and ammonia nitrogen [J]. Bioresource Technology, 2015, 179: 460-466.

[72] Li X M, Liu Q Q, Yang Q, et al. Enhanced aerobic sludge granulation in sequencing batch reactor by

Mg^{2+} augmentation [J]. Bioresource Technology, 2009, 100(1): 64-67.

[73] Wan C L, Lee D J, Yang X, et al. Calcium precipitate induced aerobic granulation [J]. Bioresource Technology, 2015, 176: 32-37.

[74] Liu Z, Liu Y J, Zhang A N, et al. Study on the process of aerobic granule sludge rapid formation by using the poly aluminum chloride (PAC) [J]. Chemical Engineering Journal, 2014, 250: 319-325.

[75] Liu Y, Liu Z, Wang F, et al. Regulation of aerobic granular sludge reformulation after granular sludge broken: Effect of poly aluminum chloride (PAC) [J]. Bioresource Technology, 2014, 158: 201-208.

[76] Ivanov V, Wang X H, Tay S T L, et al. Bioaugmentation and enhanced formation of microbial granules used in aerobic wastewater treatment [J]. Applied Microbiology and Biotechnology, 2006, 70(3): 374-381.

[77] Coma M, Verawaty M, Pijuan M, et al. Enhancing aerobic granulation for biological nutrient removal from domestic wastewater [J]. Bioresource Technology, 2012, 103(1): 101-108.

[78] Verawaty M, Pijuan M, Yuan Z, et al. Determining the mechanisms for aerobic granulation from mixed seed of floccular and crushed granules in activated sludge wastewater treatment [J]. Water Research, 2012, 46(3): 761-771.

[79] Liu Q S, Liu Y, Tay S T L, et al. Startup of pilot-scale aerobic granular sludge reactor by stored granules [J]. Environmental Technology, 2005, 26(12): 1363-1369.

[80] Song Z W, Pan Y J, Zhang K, et al. Effect of seed sludge on characteristics and microbial community of aerobic granular sludge [J]. Journal of Environmental Sciences-China, 2010, 22(9): 1312-1318.

[81] Yang Y C, Liu X, Wan C L, et al. Accelerated aerobic granulation using alternating feed loadings: Alginate-like exopolysaccharides [J]. Bioresource Technology, 2014, 171: 360-366.

[82] Gao D, Liu L, Liang H, et al. Comparison of four enhancement strategies for aerobic granulation in sequencing batch reactors [J]. Journal of Hazardous Materials, 2011, 186(1): 320-327.

[83] Zhang X, Liu Y Q, Tay J H, et al. Fast granulation under extreme selection pressures and its formation mechanism [J]. Fresenius Environmental Bulletin, 2013, 22(5): 1330-1338.

[84] Liu Y Q, Tay J H. Fast formation of aerobic granules by combining strong hydraulic selection pressure with overstressed organic loading rate [J]. Water Research, 2015, 80: 256-266.

[85] Long B, Yang C Z, Pu W H, et al. Rapid cultivation of aerobic granular sludge in a pilot scale sequencing batch reactor [J]. Bioresource Technology, 2014, 166: 57-63.

[86] Lochmatter S, Gonzalez-Gil G, Holliger C. Optimized aeration strategies for nitrogen and phosphorus removal with aerobic granular sludge [J]. Water Research, 2013, 47(16): 6187-6197.

[87] Weissbrodt D G, Schneiter G S, Furbringer J M, et al. Identification of trigger factors selecting for polyphosphate- and glycogen-accumulating organisms in aerobic granular sludge sequencing batch reactors [J]. Water Research, 2013, 47(19): 7006-7018.

[88] Liu Y, Liu Q S. Causes and control of filamentous growth in aerobic granular sludge sequencing batch reactors [J]. Biotechnology Advances, 2006, 24(1): 115-127.

[89] Zheng Y M, Yu H Q, Liu S H, et al. Formation and instability of aerobic granules under high organic loading conditions [J]. Chemosphere, 2006, 63(10): 1791-1800.

[90] Adav S S, Lee D J, Lai J Y. Proteolytic activity in stored aerobic granular sludge and structural integrity [J]. Bioresource Technology, 2009, 100(1): 68-73.

[91] Adav S, Lee D J, Lai J Y. Potential cause of aerobic granular sludge breakdown at high organic loading rates [J]. Applied Microbiology and Biotechnology, 2010, 85(5): 1601-1610.

[92] Li A J, Zhang T, Li X Y. Fate of aerobic bacterial granules with fungal contamination under different organic loading conditions [J]. Chemosphere, 2010, 78(5):500-509.

[93] Adav S S, Lee D J, Lai J Y. Functional consortium from aerobic granules under high organic loading rates [J]. Bioresource Technology, 2009, 100(14):3465-3470.

[94] Kim I S, Kim S M, Jang A. Characterization of aerobic granules by microbial density at different COD loading rates [J]. Bioresource Technology, 2008, 99(1):18-25.

[95] Wan J, Sperandio M. Possible role of denitrification on aerobic granular sludge formation in sequencing batch reactor [J]. Chemosphere, 2009, 75(2):220-227.

[96] Picioreanu C, Van Loosdrecht M C M, Heijnen J J. Mathematical modeling of biofilm structure with a hybrid differential-discrete cellular automaton approach [J]. Biotechnology and Bioengineering, 1998, 58(1):101-116.

[97] Wang X H, Zhang H M, Yang F L, et al. Improved stability and performance of aerobic granules under stepwise increased selection pressure [J]. Enzyme and Microbial Technology, 2007, 41(3):205-211.

[98] Liu Y, Yang S F, Tay J H. Improved stability of aerobic granules by selecting slow-growing nitrifying bacteria [J]. Journal of Biotechnology, 2004, 108(2):161-169.

[99] Chiu Z C, Chen M Y, Lee D J, et al. Oxygen diffusion and consumption in active aerobic granules of heterogeneous structure [J]. Applied Microbiology and Biotechnology, 2007, 75(3):685-691.

[100] Chiu Z C, Chen M Y, Lee D J, et al. Oxygen diffusion in active layer of aerobic granule with step change in surrounding oxygen levels [J]. Water Research, 2007, 41(4):884-892.

[101] Lee C C, Lee D J, Lai J Y. Amylase activity in substrate deficiency aerobic granules [J]. Applied Microbiology and Biotechnology, 2009, 81(5):961-967.

[102] Adav S S, Lee D J, Tay J H. Activity and structure of stored aerobic granules [J]. Environmental Technology, 2007, 28(11):1227-1235.

[103] Zhu L, Yu Y W, Dai X, et al. Optimization of selective sludge discharge mode for enhancing the stability of aerobic granular sludge process [J]. Chemical Engineering Journal, 2013, 217:442-446.

[104] Wang J, Wang X, Zhao Z, et al. Organics and nitrogen removal and sludge stability in aerobic granular sludge membrane bioreactor [J]. Applied Microbiology and Biotechnology, 2008, 79(4):679-685.

[105] Wang X, Zhang H, Yang F, et al. Long-term storage and subsequent reactivation of aerobic granules [J]. Bioresource Technology, 2008, 99(17):8304-8309.

[106] Adav S S, Lee D J, Lai J Y. Intergeneric coaggregation of strains isolated from phenol-degrading aerobic granules [J]. Applied Microbiology and Biotechnology, 2008, 79(4):657-661.

[107] Lin Y, Wang L, Chi Z, et al. Bacterial alginate role in aerobic granular bio-particles formation and settleability improvement [J]. Separation Science and Technology, 2008, 43(7):1642-1652.

[108] Ren T T, Liu L, Sheng G P, et al. Calcium spatial distribution in aerobic granules and its effects on granule structure, strength and bioactivity [J]. Water Research, 2008, 42(13):3343-3352.

[109] Ahn Y H. Sustainable nitrogen elimination biotechnologies: A review [J]. Process Biochemistry, 2006, 41(8):1709-1721.

[110] Gabarro J, Hernandez-del Amo E, Gich F, et al. Nitrous oxide reduction genetic potential from the microbial community of an intermittently aerated partial nitritation SBR treating mature landfill leachate [J]. Water Research, 2013, 47(19):7066-7077.

[111] Kishida N, Kim J, Tsuneda S, et al. Anaerobic/oxic/anoxic granular sludge process as an effective nutrient removal process utilizing denitrifying polyphosphate-accumulating organisms [J]. Water

Research, 2006,40(12):2303-2310.

[112] Clauwaert P, Rabaey K, Aelterman P, et al. Biological denitrification in microbial fuel cells [J]. Environmental Science and Technology, 2007,41(9):3354-3360.

[113] Mino T, Van Loosdrecht M C M, Heijnen J J. Microbiology and biochemistry of the enhanced biological phosphate removal process [J]. Water Research, 1998,32(11):3193-3207.

[114] Seviour R J, Mino T, Onuki M. The microbiology of biological phosphorus removal in activated sludge systems [J]. FEMS Microbiology Reviews, 2003,27(1):99-127.

[115] Wentzel M C, Lotter L H, Loewenthal R E, et al. Metabolic behaviour of Acinetobacter spp. in enhanced biological phosphorus removal — a biochemical model [J]. Water SA, 1986,12(4):209-224.

[116] Bond P L, Hugenholtz P, Keller J, et al. Bacterial community structures of phosphate-removing and nonphosphate-removing activated sludges from sequencing batch reactors [J]. Applied and Environmental Microbiology, 1995,61(5):1910-1916.

[117] Hesselmann R P X, Werlen C, Hahn D, et al. Enrichment, phylogenetic analysis and detection of a bacterium that performs enhanced biological phosphate removal in activated sludge [J]. Systematic and Applied Microbiology, 1999,22(3):454-465.

[118] Hu J Y, Ong S L, Ng W J, et al. A new method for characterizing denitrifying phosphorus removal bacteria by using three different types of electron acceptors [J]. Water Research, 2003,37(14):3463-3471.

[119] Kuba T, Van Loosdrecht M C M, Heijnen J J. Phosphorus and nitrogen removal with minimal cod requirement by integration of denitrifying dephosphatation and nitrification in a two-sludge system [J]. Water Research, 1996,30(7):1702-1710.

[120] Shoji T, Satoh H, Mino T. Quantitative estimation of the role of denitrifying phosphate accumulating organisms in nutrient removal [J]. Water Science and Technology, 2003,47(11):23-29.

[121] Saito T, Brdjanovic D, Van Loosdrecht M C M. Effect of nitrite on phosphate uptake by phosphate accumulating organisms [J]. Water Research, 2004,38(17):3760-3768.

[122] Meinhold J, Filipe C D M, Daigger G T, et al. Characterization of the denitrifying fraction of phosphate accumulating organisms in biological phosphate removal [J]. Water Science and Technology, 1999,39(1):31-42.

[123] Yoshida Y, Takahashi K, Saito T, et al. The effect of nitrite on aerobic phosphate uptake and denitrifying activity of phosphate-accumulating organisms [J]. Water Science and Technology, 2006,53(6):21-27.

[124] Zhou S Q, Zhang X J, Feng L Y. Effect of different types of electron acceptors on the anoxic phosphorus uptake activity of denitrifying phosphorus removing bacteria [J]. Bioresource Technology, 2010,101(6):1603-1610.

[125] Zhou Y, Pijuan M, Yuan Z G. Free nitrous acid inhibition on anoxic phosphorus uptake and denitrification by poly-phosphate accumulating organisms [J]. Biotechnology and Bioengineering, 2007,98(4):903-912.

[126] Zhou Y, Oehmen A, Lim M, et al. The role of nitrite and free nitrous acid (FNA) in wastewater treatment plants [J]. Water Research, 2011,45(15):4672-4682.

[127] Anthonisen A C, Loehr R C, Prakasam T B S, et al. Inhibition of nitrification by ammonia and nitrous acid [J]. Journal Water Pollution Control Federation, 1976,48(5):835-852.

[128] Pijuan M, Ye L, Yuan Z. Free nitrous acid inhibition on the aerobic metabolism of poly-phosphate

accumulating organisms [J]. Water Research, 2010,44(20):6063-6072.

[129] Tsuneda S, Ohno T, Soejima K, et al. Simultaneous nitrogen and phosphorus removal using denitrifying phosphate-accumulating organisms in a sequencing batch reactor [J]. Biochemical Engineering Journal, 2006,27(3):191-196.

[130] Coats E R, Mockos A, Loge F J. Post-anoxic denitrification driven by PHA and glycogen within enhanced biological phosphorus removal [J]. Bioresource Technology, 2011,102(2):1019-1027.

[131] Mino T, Liu W T, Kurisu F, et al. Modeling glycogen storage and denitrification capability of microorganisms in enhanced biological phosphate removal processes [J]. Water Science and Technology, 1995,31(2):25-34.

[132] Zeng R J, Yuan Z, Keller J. Enrichment of denitrifying glycogen-accumulating organisms in anaerobic/anoxic activated sludge system [J]. Biotechnology and Bioengineering, 2003,81(4):397-404.

[133] Saunders A M, Oehmen A, Blackall L L, et al. The effect of GAOs (glycogen accumulating organisms) on anaerobic carbon requirements in full-scale Australian EBPR (enhanced biological phosphorus removal) plants [J]. Water Science and Technology, 2003,47(11):37-43.

[134] Oehmen A, Saunders A M, Vives M T, et al. Competition between polyphosphate and glycogen accumulating organisms in enhanced biological phosphorus removal systems with acetate and propionate as carbon sources [J]. Journal of Biotechnology, 2006,123(1):22-32.

[135] Zeng R J, Lemaire R, Yuan Z, et al. Simultaneous nitrification, denitrification, and phosphorus removal in a lab-scale sequencing batch reactor [J]. Biotechnology and Bioengineering, 2003,84(2):170-178.

[136] Bassin J P, Kleerebezem R, Dezotti M, et al. Simultaneous nitrogen and phosphate removal in aerobic granular sludge reactors operated at different temperatures [J]. Water Research, 2012,46(12):3805-3816.

[137] Wang X H, Jiang L X, Shi Y J, et al. Effects of step-feed on granulation processes and nitrogen removal performances of partial nitrifying granules [J]. Bioresource Technology, 2012,123:375-381.

[138] Jang A, Yoon Y H, Kim I S, et al. Characterization and evaluation of aerobic granules in sequencing batch reactor [J]. Journal of Biotechnology, 2003,105(1-2):71-82.

[139] Zhong C, Wang Y Q, Li Y C, et al. The characteristic and comparison of denitrification potential in granular sequence batch reactor under different mixing conditions [J]. Chemical Engineering Journal, 2014,240:589-594.

[140] Cassidy D P, Belia E. Nitrogen and phosphorus removal from an abattoir wastewater in a SBR with aerobic granular sludge [J]. Water Research, 2005,39(19):4817-4823.

[141] Wu C Y, Peng Y Z, Wang S Y, et al. Enhanced biological phosphorus removal by granular sludge: From macro- to micro-scale [J]. Water Research, 2010,44(3):807-814.

[142] Lemaire R, Yuan Z, Blackall L L, et al. Microbial distribution of Accumulibacter spp. and Competibacter spp. in aerobic granules from a lab-scale biological nutrient removal system [J]. Environmental Microbiology, 2008,10(2):354-363.

[143] Yang S F, Tay J H, Liu Y. Respirometric activities of heterotrophic and nitrifying populations in aerobic granules developed at different substrate N/COD ratios [J]. Current Microbiology, 2004,49(1):42-46.

[144] Carvalho G, Lemos P C, Oehmen A, et al. Denitrifying phosphorus removal: Linking the process performance with the microbial community structure [J]. Water Research, 2007,41(19):4383-4396.

[145] Winkler M K H, Bassin J P, Kleerebezem R, et al. Selective sludge removal in a segregated aerobic granular biomass system as a strategy to control PAO-GAO competition at high temperatures [J].

Water Research, 2011, 45(11):3291-3299.

[146] Zhang H M, Dong F, Jiang T, et al. Aerobic granulation with low strength wastewater at low aeration rate in A/O/A SBR reactor [J]. Enzyme and Microbial Technology, 2011, 49(2):215-222.

[147] 国家环境保护总局. 水和废水监测分析方法[M]. 4 版. 北京:中国环境科学出版社,2002.

[148] Schmidt J E, Ahring B K. Extracellular polymers in granular sludge from different upflow anaerobicsludge blanket (UASB) reactors [J]. Applied Microbiology and Biotechnology, 1994, 42(2-3):457-462.

[149] Tay J H, Liu Q S, Liu Y. The effects of shear force on the formation, structure and metabolism of aerobic granules [J]. Applied Microbiology and Biotechnology, 2001, 57(1-2):227-233.

[150] Liu Y Q, Liu Y, Tay J H. The effects of extracellular polymeric substances on the formation and stability of biogranules [J]. Applied Microbiology and Biotechnology, 2004, 65(2):143-148.

[151] Poxon T L, Darby J L. Extracellular polyanions in digested sludge: Measurement and relationship to sludge dewaterability [J]. Water Research, 1997, 31(4):749-758.

[152] Morgan J W, Forster C F, Evison L. A comparative study of the nature of biopolymers extracted from anaerobic and activated sludge [J]. Water Research, 1990, 24(6):743-750.

[153] Li X, Yang S. Influence of loosely bound extracellular polymeric substances (EPS) on the flocculation, sedimentation and dewaterability of activated sludge [J]. Water Research, 2007, 41(5):1022-1030.

[154] Lowry O H, Rosebrough N J, Farr A L, et al. Protein measurement with the Folin phenol reagent [J]. Journal of Biological Chemistry, 1951, 193(1):265-275.

[155] Bassin J P, Kleerebezem R, Dezotti M, et al. Measuring biomass specific ammonium, nitrite and phosphate uptake rates in aerobic granular sludge [J]. Chemosphere, 2012, 89(10):1161-1168.

[156] Crocetti G R, Hugenholtz P, Bond P L, et al. Identification of polyphosphate-accumulating organisms and design of 16S rRNA-directed probes for their detection and quantitation [J]. Applied and Environmental Microbiology, 2000, 66(3):1175-1182.

[157] Crocetti G R, Banfield J F, Keller J, et al. Glycogen-accumulating organisms in laboratory-scale and full-scale wastewater treatment processes [J]. Microbiology-Sgm, 2002, 148:3353-3364.

[158] Mobarry B K, Wagner M, Urbain V, et al. Phylogenetic probes for analyzing abundance and spatial organization of nitrifying bacteria [J]. Applied and Environmental Microbiology, 1996, 62(6):2156-2162.

[159] Pai T Y, Hanaki K, Ho H H, et al. Using grey system theory to evaluate transportation effects on air quality trends in Japan [J]. Transportation Research Part D: Transport and Environment, 2007, 12(3):158-166.

[160] Hsiao S W, Tsai H C. Use of gray system theory in product-color planning [J]. Color Research and Application, 2004, 29(3):222-231.

[161] Peng Z, Kirk T. Wear particle classification in a fuzzy grey system [J]. Wear, 1999, 225:1238-1247.

[162] Chang S H, Hwang J R, Doong J L. Optimization of the injection molding process of short glass fiber reinforced polycarbonate composites using grey relational analysis [J]. Journal of Materials Processing Technology, 2000, 97(1):186-193.

[163] Li X M, Wang M, Zeng G M, et al. Prediction of the amount of urban waste solids by applying a gray theoretical model [J]. Journal of Environmental Sciences, 2003, 15(1):43-46.

[164] 汪善全,竺建荣. 好氧污泥颗粒化过程的影响因素分析[J]. 环境污染与防治,2007,29(2):115-118.

[165] Beun J J, Van Loosdrecht M C M, Heijnen J J. Aerobic granulation in a sequencing batch airlift reactor

[J]. Water Research, 2002, 36(3):702-712.

[166] Liu Y Q, Moy B Y P, Tay J H. COD removal and nitrification of low-strength domestic wastewater in aerobic granular sludge sequencing batch reactors [J]. Enzyme and Microbial Technology, 2007, 42(1):23-28.

[167] Liu Y Q, Tay J H. Influence of starvation time on formation and stability of aerobic granules in sequencing batch reactors [J]. Bioresource Technology, 2008, 99(5):980-985.

[168] Mosquera Corral A, Arrojo B, Figueroa M, et al. Aerobic granulation in a mechanical stirred SBR: treatment of low organic loads [J]. Water Science and Technology, 2011, 64(1):155-161.

[169] Chen Y, Jiang W, Liang D T, et al. Aerobic granulation under the combined hydraulic and loading selection pressures [J]. Bioresource Technology, 2008, 99(16):7444-7449.

[170] Kong Y H, Liu Y Q, Tay J H, et al. Aerobic granulation in sequencing batch reactors with different reactor height/diameter ratios [J]. Enzyme and Microbial Technology, 2009, 45(5):379-383.

[171] Guo F, Zhang S H, Yu X, et al. Variations of both bacterial community and extracellular polymers: the inducements of increase of cell hydrophobicity from biofloc to aerobic granule sludge [J]. Bioresource Technology, 2011, 102(11):6421-6428.

[172] Wang Z W, Li Y, Liu Y. Mechanism of calcium accumulation in acetate-fed aerobic granule [J]. Applied Microbiology and Biotechnology, 2007, 74(2):467-473.

[173] Wan J, Bessière Y, Spérandio M. Alternating anoxic feast/aerobic famine condition for improving granular sludge formation in sequencing batch airlift reactor at reduced aeration rate [J]. Water Research, 2009, 43(20):5097-5108.

[174] Chen Y, Jiang W, Liang D T, et al. Structure and stability of aerobic granules cultivated under different shear force in sequencing batch reactors [J]. Applied Microbiology and Biotechnology, 2007, 76(5):1199-1208.

[175] Liu Y L, Gao S, Bai K. Research on the effect of hydraulic shear stress on the formation of aerobic granular sludge [J]. Water Resource and Environmental Protection (ISWREP), 2011 International Symposium on IEEE, 2011:1308-1311.

[176] Liu Y, Yang S F, Tay J H, et al. Cell hydrophobicity is a triggering force of biogranulation [J]. Enzyme and Microbial Technology, 2004, 34(5):371-379.

[177] Wang S G, Gai L H, Zhao L J, et al. Aerobic granules for low-strength wastewater treatment: formation, structure, and microbial community [J]. Journal of Chemical Technology and Biotechnology, 2009, 84(7):1015-1020.

[178] Chang C H, Hao O J. Sequencing batch reactor system for nutrient removal: ORP and pH profiles [J]. Journal of Chemical Technology and Biotechnology, 1996, 67(1):27-38.

[179] Kishida N, Kim J H, Chen M, et al. Effectiveness of oxidation-reduction potential and pH as monitoring and control parameters for nitrogen removal in swine wastewater treatment by sequencing batch reactors [J]. Journal of Bioscience and Bioengineering, 2003, 96(3):285-290.

[180] Puig S, Corominas L, Vives M T, et al. Development and implementation of a real-time control system for nitrogen removal using OUR and ORP as end points [J]. Industrial and Engineering Chemistry Research, 2005, 44(9):3367-3373.

[181] Ra C S, Lo K V, Shin J S, et al. Biological nutrient removal with an internal organic carbon source in piggery wastewater treatment [J]. Water Research, 2000, 34(3):965-973.

[182] Kim H, Hao J. pH and oxidation-reduction potential control strategy for optimization of nitrogen

removal in an alternating aerobic — anoxic system [J]. Water Environment Research, 2001, 73(1):95 - 102.

[183] Peng Y Z, Wu C Y, Wang R D, et al. Denitrifying phosphorus removal with nitrite by a real-time step feed sequencing batch reactor [J]. Journal of Chemical Technology and Biotechnology, 2011, 86(4):541 - 546.

[184] Wu C Y, Peng Y Z, Wang S Y, et al. Effect of sludge retention time on nitrite accumulation in real-time control biological nitrogen removal sequencing batch reactor [J]. Chinese Journal of Chemical Engineering, 2011, 19(3):512 - 517.

[185] Ra C, Lo K, Mavinic D. Swine wastewater treatment by a batch-mode 4-stage process: loading rate control using ORP [J]. Environmental Technology, 1997, 18(6):615 - 621.

[186] Ra C, Lo K, Mavinic D. Real-time control of two-stage sequencing batch reactor system for the treatment of animal wastewater [J]. Environmental Technology, 1998, 19(4):343 - 356.

[187] Won S, Ra C. Biological nitrogen removal with a real-time control strategy using moving slope changes of pH (mV)- and ORP-time profiles [J]. Water Research, 2011, 45(1):171 - 178.

[188] Tanwar P, Nandy T, Ukey P, et al. Correlating on-line monitoring parameters, pH, DO and ORP with nutrient removal in an intermittent cyclic process bioreactor system [J]. Bioresource Technology, 2008, 99(16):7630 - 7635.

[189] Ga C, Ra C. Real-time control of oxic phase using pH (mV)-time profile in swine wastewater treatment [J]. Journal of Hazardous Materials, 2009, 172(1):61 - 67.

[190] Yu R F, Liaw S L, Chang C N, et al. Monitoring and control using on-line ORP on the continuous-flow activated sludge batch reactor system [J]. Water Science and Technology, 1997, 35(1):57 - 66.

[191] Chen K C, Chen C Y, Peng J W, et al. Real-time control of an immobilized-cell reactor for wastewater treatment using ORP [J]. Water Research, 2002, 36(1):230 - 238.

[192] Holman J B, Wareham D G. COD, ammonia and dissolved oxygen time profiles in the simultaneous nitrification/denitrification process [J]. Biochemical Engineering Journal, 2005, 22(2):125 - 133.

[193] Yu R F, Liaw S L, Chang C N, et al. Applying real-time control to enhance the performance of nitrogen removal in the continuous-flow SBR system [J]. Water Science and Technology, 1998, 38(3):271 - 280.

[194] Flowers J J, He S, Yilmaz S, et al. Denitrification capabilities of two biological phosphorus removal sludges dominated by different 'Candidatus Accumulibacter' clades [J]. Environmental Microbiology Reports, 2009, 1(6):583 - 588.

[195] Amaral A L, Mesquita D P, Ferreira E C. Automatic identification of activated sludge disturbances and assessment of operational parameters [J]. Chemosphere, 2013, 91(5):705 - 710.

[196] Montoya T, Borrás L, Aguado D, et al. Detection and prevention of enhanced biological phosphorus removal deterioration caused by Zoogloea overabundance [J]. Environmental Technology, 2008, 29(1):35 - 42.

[197] Novak L, Larrea L, Wanner J, et al. Non-filamentous activated sludge bulking caused by Zoogloea [J]. Water Science and Technology, 1994, 29(7):301 - 304.

[198] Novak L, Larrea L, Wanner J, et al. Non-filamentous activated sludge bulking in a laboratory scale system [J]. Water Research, 1993, 27(8):1339 - 1346.

[199] Peng Y, Gao C, Wang S, et al. Non-filamentous sludge bulking caused by a deficiency of nitrogen in industrial wastewater treatment [J]. Water Science and Technology, 2003, 47(11):289 - 295.

[200] Chen Y, Peng Y, Liu M, et al. Non-filamentousactivated sludge bulking in SBR treating the domestic wastewater [J]. Acta Scientiae Circumstantiae, 2005, 25(1):105 - 108.

[201] Mesquita D P, Amaral A L, Ferreira E C. Identifying different types of bulking in an activated sludge system through quantitative image analysis [J]. Chemosphere, 2011, 85(4): 643-652.

[202] Jin B, Wilen B M, Lant P. A comprehensive insight into floc characteristics and their impact on compressibility and settleability of activated sludge [J]. Chemical Engineering Journal, 2003, 95(1-3): 221-234.

[203] Alleman J E, Irvine R L. Storage-induced denitrification using sequencing batch reactor operation [J]. Water Research, 1980, 14(10): 1483-1488.

[204] Liu Y Q, Tay J H. Characteristics and stability of aerobic granules cultivated with different starvation time [J]. Applied Microbiology and Biotechnology, 2007, 75(1): 205-210.

[205] Xavier J D, Picioreanu C, van Loosdrecht M C M. A general description of detachment for multidimensional modelling of biofilms [J]. Biotechnology and Bioengineering, 2005, 91(6): 651-669.

[206] Barker D J, Stuckey D C. A review of soluble microbial products (SMP) in wastewater treatment systems [J]. Water Research, 1999, 33(14): 3063-3082.

[207] Wang Y Y, Guo G, Wang H, et al. Long-term impact of anaerobic reaction time on the performance and granular characteristics of granular denitrifying biological phosphorus removal systems [J]. Water Research, 2013, 47(14): 5326-5337.

[208] 吴凡松, 彭永臻. 城市污水处理厂的生物除磷系统设计[J]. 中国给水排水, 2002, 18(8): 56-58.

[209] 任延丽, 靖元孝. 反硝化细菌在污水处理作用中的研究[J]. 微生物学杂志, 2005, 25(2): 88-92.

[210] Robertson L, Kuenen J G. Aerobic denitrification: a controversy revived [J]. Archives of Microbiology, 1984, 139(4): 351-354.

[211] Su J J, Liu B Y, Liu C Y. Comparison of aerobic denitrification under high oxygen atmosphere by Thiosphaera pantotropha ATCC 35512 and Pseudomonas stutzeri SU2 newly isolated from the activated sludge of a piggery wastewater treatment system [J]. Journal of Applied Microbiology, 2001, 90(3): 457-462.

[212] Patureau D, Zumstein E, Delgenes J P, et al. Aerobic denitrifiers isolated from diverse natural and managed ecosystems [J]. Microbial Ecology, 2000, 39(2): 145-152.

[213] Patureau D, Helloin E, Rustrian E, et al. Combined phosphate and nitrogen removal in a sequencing batch reactor using the aerobic denitrifier, Microvirgula aerodenitrificans [J]. Water Research, 2001, 35(1): 189-197.

[214] Pronk M, Abbas B, Al-zuhairy S, et al. Effect and behaviour of different substrates in relation to the formation of aerobic granular sludge [J]. Applied Microbiology and Biotechnology, 2015, 99: 5257-5268.

[215] Bassin J P, Pronk M, Kraan R, et al. Ammonium adsorption in aerobic granular sludge, activated sludge and anammox granules [J]. Water Research, 2011, 45(16): 5257-5265.

[216] Adav S S, Lee D J, Tay J H. Extracellular polymeric substances and structural stability of aerobic granule [J]. Water Research, 2008, 42(6-7): 1644-1650.

[217] Lemaire R, Webb R I, Yuan Z. Micro-scale observations of the structure of aerobic microbial granules used for the treatment of nutrient-rich industrial wastewater [J]. The ISME Journal, 2008, 2(5): 528-541.

[218] Li A J, Li X Y, Yu H Q. Effect of the food-to-microorganism (F/M) ratio on the formation and size of aerobic sludge granules [J]. Process Biochemistry, 2011, 46(12): 2269-2276.

[219] Wang Z W, Liu Y, Tay J H. Distribution of EPS and cell surface hydrophobicity in aerobic granules [J]. Applied Microbiology and Biotechnology, 2005, 69(4): 469-473.

[220] Verawaty M, Tait S, Pijuan M, et al. Breakage and growth towards a stable aerobic granule size during the treatment of wastewater [J]. Water Research, 2013, 47(14): 5338-5349.

[221] Wang L, Zheng P, Xing Y J, et al. Effect of particle size on the performance of autotrophic nitrogen removal in the granular sludge bed reactor and microbiological mechanisms [J]. Bioresource Technology, 2014, 157: 240-246.

[222] Cydzik-Kwiatkowska A, Bernat K, Zielinska M, et al. Cycle length and COD/N ratio determine properties of aerobic granules treating high-nitrogen wastewater [J]. Bioprocess and Biosystems Engineering, 2014, 37(7): 1305-1313.

[223] Seviour T, Pijuan M, Nicholson T, et al. Gel-forming exopolysaccharides explain basic differences between structures of aerobic sludge granules and floccular sludges [J]. Water Research, 2009, 43(18): 4469-4478.

[224] Zhang C Y, Zhang H M. Analysis of aerobic granular sludge formation based on grey system theory [J]. Journal of Environmental Sciences, 2013, 25(4): 710-716.

[225] Sheng G P, Li A J, Li X Y, et al. Effects of seed sludge properties and selective biomass discharge on aerobic sludge granulation [J]. Chemical Engineering Journal, 2010, 160(1): 108-114.

[226] Seviour T, Pijuan M, Nicholson T, et al. Understanding the properties of aerobic sludge granules as hydrogels [J]. Biotechnology and Bioengineering, 2009, 102(5): 1483-1493.

[227] Tu X, Song Y, Yu H, et al. Fractionation and characterization of dissolved extracellular and intracellular products derived from floccular sludge and aerobic granules [J]. Bioresource Technology, 2012, 123: 55-61.

[228] Wang Z C, Gao M C, She Z L, et al. Effects of salinity on performance, extracellular polymeric substances and microbial community of an aerobic granular sequencing batch reactor [J]. Separation and Purification Technology, 2015, 144: 223-231.

[229] Mu Y, Yu H Q. Biological hydrogen production in a UASB reactor with granules. I: Physicochemical characteristics of hydrogen-producing granules [J]. Biotechnology and Bioengineering, 2006, 94(5): 980-987.

[230] Zhang C Y, Zhang H M, Yang F L. Optimal cultivation of simultaneous ammonium and phosphorus removal aerobic granular sludge in A/O/A sequencing batch reactor and the assessment of functional organisms [J]. Environmental Technology, 2014, 35(15): 1979-1988.

[231] Yilmaz G, Lemaire R, Keller J, et al. Simultaneous nitrification, denitrification, and phosphorus removal from nutrient-rich industrial wastewater using granular sludge [J]. Biotechnology and Bioengineering, 2008, 100(3): 529-541.

[232] Adav S S, Lee D J, Lai J Y. Biological nitrification-denitrification with alternating oxic and anoxic operations using aerobic granules [J]. Applied Microbiology and Biotechnology, 2009, 84(6): 1181-1189.

[233] Coma M, Puig S, Balaguer M D, et al. The role of nitrate and nitrite in a granular sludge process treating low-strength wastewater [J]. Chemical Engineering Journal, 2010, 164(1): 208-213.

[234] Tsuneda S, Miyauchi R, Ohno T, et al. Characterization of denitrifying polyphosphate-accumulating organisms in activated sludge based on nitrite reductase gene [J]. Journal of Bioscience and Bioengineering, 2005, 99(4): 403-407.

[235] Wachtmeister A, Kuba T, Van Loosdrecht M C M, et al. A sludge characterization assay for aerobic and denitrifying phosphorus removing sludge [J]. Water Research, 1997, 31(3): 471-478.

[236] Wang Y, Jiang F, Zhang Z, et al. The long-term effect of carbon source on the competition between polyphosphorus accumulating organisms and glycogen accumulating organism in a continuous plug-flow

anaerobic/aerobic (A/O) process [J]. Bioresource Technology, 2010, 101(1):98 – 104.

[237] Yarbrough J, Rake J, Eagon R. Bacterial inhibitory effects of nitrite: inhibition of active transport, but not of group translocation, and of intracellular enzymes [J]. Applied and Environmental Microbiology, 1980, 39(4):831 – 834.

[238] Ahn J, Daidou T, Tsuneda S, et al. Metabolic behavior of denitrifying phosphate-accumulating organisms under nitrate and nitrite electron acceptor conditions [J]. Journal of Bioscience and Bioengineering, 2001, 92(5):442 – 446.

[239] Zhou Y, Pijuan M, Zeng R J, et al. Free nitrous acid inhibition on nitrous oxide reduction by a denitrifying-enhanced biological phosphorus removal sludge [J]. Environmental Science and Technology, 2008, 42(22):8260 – 8265.

[240] Zhou Y, Ganda L, Lim M, et al. Free nitrous acid (FNA) inhibition on denitrifying poly-phosphate accumulating organisms (DPAOs) [J]. Applied Microbiology and Biotechnology, 2010, 88(1):359 – 369.

[241] Zhou Y, Ganda L, Lim M, et al. Response of poly-phosphate accumulating organisms to free nitrous acid inhibition under anoxic and aerobic conditions [J]. Bioresource Technology, 2012, 116:340 – 347.

[242] Zeng W, Li B X, Yang Y Y, et al. Impact of nitrite on aerobic phosphorus uptake by poly-phosphate accumulating organisms in enhanced biological phosphorus removal sludges [J]. Bioprocess and Biosystems Engineering, 2014, 37(2):277 – 287.

[243] Zeng R J, Saunders A M, Yuan Z, et al. Identification and comparison of aerobic and denitrifying polyphosphate-accumulating organisms [J]. Biotechnology and Bioengineering, 2003, 83(2):140 – 148.

[244] 支丽玲, 王玉莹, 马鑫欣, 等. c-di-GMP 在低温好氧颗粒污泥形成过程中的作用[J]. 中国环境科学, 2019, 39(4):1560 – 1567.

[245] Qin L, Liu Y. Aerobic granulation for organic carbon and nitrogen removal in alternating aerobic-anaerobic sequencing batch reactor [J]. Chemosphere, 2006, 63:926 – 933.

[246] Zhou Y, Pijuan M, Yuan Z G. Development of a 2-sludge, 3-stage system for nitrogen and phosphorous removal from nutrient-rich wastewater using granular sludge and biofilms [J]. Water Research, 2008, 42:3207 – 3217.

[247] Kubo T. Interface activity of water given rise by tourmaline [J]. Solid State Physics, 1989, 24:108 – 113.

[248] Qiu S, Ma F, Wo Y, et al. Study on the biological effect of tourmaline on the cell membrane of E. coli. [J]. Surface and Interface Analysis, 2011, 43:1069 – 1073.

[249] 张建平, 赵林, 谭欣. 水分子团簇结构的改变及其生物效应[J]. 化学通报, 2004, 67:278 – 283.

[250] Xia M S, Hu C H, Zhang H M. Effects of tourmaline addition on the dehydrogenase activity of Rhodopseudomonas palustris [J]. Process Biochemistry, 2006, 41:221 – 225.

[251] 蒋侃, 马放, 孙铁珩, 等. 电气石对好氧反硝化菌株反硝化特性的影响[J]. 硅酸盐学报, 2007, 35:1066 – 1069.

[252] Wang C, Wu J, Sun H, et al. Adsorption of Pb (II) ion from aqueous solutions by tourmaline as a novel adsorbent [J]. Industrial and Engineering Chemistry Research, 2011, 50:8515 – 8523.

[253] Wang C, Liu J, Zhang Z, et al. Adsorption of Cd (II), Ni (II), and Zn (II) by tourmaline at acidic conditions: kinetics, thermodynamics, and mechanisms [J]. Industrial and Engineering Chemistry Research, 2012, 51:4397 – 4406.

[254] 汤云晖, 吴瑞华, 章西焕. 电气石对含 Cu^{2+} 废水的净化原理探讨[J]. 岩石矿物学杂志, 2002, 2:192 –

196.

[255] Jiang K, Sun T H, Sun L N, et al. Adsorption characteristics of copper, lead, zinc and cadmium ions by tourmaline [J]. Journal of Environmental Sciences, 2006, 18: 1221-1225.

[256] Zeng R, Yuan Z G, Van Loosdrecht M C M, et al. Proposed modifications to metabolic model for glycogen-accumulating organisms under anaerobic conditions [J]. Biotechnology and Bioengineering, 2002, 80: 277-279.

[257] 李义菲, 张捍民, 赵然, 等. 电气石对厌氧氨氧化反应器脱氮性能的影响[J]. 环境科学与技术, 2015, 38(9): 127-132.

[258] 王翠苹, 常颖, 孙红文, 等. 电气石和微生物对水溶液中铅吸附研究[J]. 环境科学与技术, 2011, 34(7): 12-16.

[259] 蒋侃, 马放, 孙铁珩, 等. 电气石强化生物接触氧化法处理石化废水[J]. 环境科学, 2009, 30: 1669-1673.

[260] 韩雅红, 邱珊, 马放, 等. 电气石对反应器快速启动及生物多样性的影响[J]. 水处理技术, 2018, 44(7): 30-40.

[261] 金惠铭, 梁光波, 张国平. 用 millicell 底膜培养皿研究对 ECV-304 细胞增殖的影响[J]. 中国微循环, 2003, 7: 309-311.

[262] Zhang S, Li A, Di C, et al. Biological improvement on combined mycelia pellet for aniline treatment by tourmaline in SBR process [J]. Bioresource technology, 2011, 102: 9282-9285.

[263] Bao W J, Zhu S M, Jin G, et al. Generation, characterization, perniciousness, removal and reutilization of solids in aquaculture water: a review from the whole process perspective [J]. Reviews in Aquaculture, 2019, 11: 1342-1366.

[264] Shi R J, Xu S M, Qi Z H, et al. Influence of suspended mariculture on vertical distribution profiles of bacteria in sediment from Daya Bay, Southern China [J]. Marine Pollution Bulletin, 2019, 146: 816-826.

[265] Liang Y X, Zhu H, Banuelos G, et al. Constructed wetlands for saline wastewater treatment: A review [J]. Ecological Engineering, 2017, 98: 275-285.

[266] Li Z W, Chang Q B, Li S S, et al. Impact of sulfadiazine on performance and microbial community of a sequencing batch biofilm reactor treating synthetic mariculture wastewater [J]. Bioresource Technology, 2017, 235: 122-130.

[267] Liu D Z, Li C W, Guo H B, et al. Start-up evaluations and biocarriers transfer from a trickling filter to a moving bed bioreactor for synthetic mariculture wastewater treatment [J]. Chemosphere, 2019, 218: 696-704.

[268] Edward P. Aquaculture environment interactions: Past, present and likely future trends [J]. Aquaculture, 2015, 447: 2-14.

[269] Zhang X D, Spanjers H, van Lier J B. Potentials and limitations of biomethane and phosphorus recovery from sludges of brackish/marine aquaculture recirculation systems: A review [J]. Journal of Environmental Management, 2013, 131: 44-54.

[270] 梁康, 杨佘维. 河道底泥治理技术研究进展[J]. 中国资源综合利用, 2019, 37(6): 79-83.

[271] 姜霞, 王书航, 张晴波, 等. 污染底泥环保疏浚工程的理念·应用条件·关键问题[J]. 环境科学研究, 2017, 30(10): 1497-1503.

[272] 梁诗雅. 城市河道底泥污染物特性及修复技术分析[J]. 环境与发展, 2019, 31(6): 74-75.

[273] Guo J S, Fang F, Yang P, et al. Sludge reduction based on microbial metabolism for sustainable wastewater treatment [J]. Bioresource Technology, 2020, 297: 122506.

[274] Van Rijn J. Waste treatment in recirculating aquaculture systems [J]. Aquacultural Engineering, 2013,

53:49-56.

[275] Guldhe A, Ansari F A, Singh P, et al. Heterotrophic cultivation of microalgae using aquaculture wastewater: A biorefinery concept for biomass production and nutrient remediation [J]. Ecological Engineering, 2017(99):47-53.

[276] 王哲. SBR 和 SBBR 工艺处理海水养殖废水的研究[D]. 青岛:中国海洋大学,2014.

[277] 陈家捷. 水产养殖微生物絮团形成过程的初步研究[D]. 上海:上海海洋大学,2015.

[278] Ahmad I, Leya T, Saharan N, et al. Carbon sources affect water quality and haemato-biochemical responses of Labeo rohita in zero-water exchange biofloc system [J]. Aquaculture Research, 2019,50 (10):2879-2887.

[279] Souza J, Cardozo A, Wasielesky W, et al. Does the biofloc size matter to the nitrification process in Biofloc Technology (BFT) systems? [J]. Aquaculture, 2019,500:443-450.

[280] Cho S, Kim J, Kim S, et al. Nitrogen and phosphorus treatment of marine wastewater by a laboratory-scale sequencing batch reactor with eco-friendly marine high-efficiency sediment [J]. Environmental Technology, 2018,39(13):1721-1732.

[281] Luo G Z, Avnimelech Y, Pan Y F, et al. Inorganic nitrogen dynamics in sequencing batch reactors using biofloc technology to treat aquaculture sludge [J]. Aquaculture Engineering, 2013,52:73-79.

[282] 高锦芳,谭洪新,顾德平,等. 利用好氧颗粒污泥处理水产循环养殖废水的研究[J]. 环境污染与防治, 2016,38(1):47-52.

[283] Meng F S, Huang W W, Liu D F, et al. Application of aerobic granules-continuous flow reactor for saline wastewater treatment: Granular stability, lipid production and symbiotic relationship between bacteria and algae [J]. Bioresource Technology, 2020,295:122291.

[284] Li X L, Luo J H, Guo G, et al. Seawater-based wastewater accelerates development of aerobic granular sludge: A laboratory proof-of-concept [J]. Water Research, 2017,115:210-219.

[285] Bassin J P, Pronk M, Muyzer G, et al. Effect of elevated salt concentrations on the aerobic granular sludge process: linking microbial activity with microbial community structure [J]. Applied and Environmental Microbiology, 2011,77(22):7942-7953.

[286] Liu Y L, Kang X R, Li X, et al. Performance of aerobic granular sludge in a sequencing batch bioreactor for slaughterhouse wastewater treatment [J]. Bioresource Technology, 2015,190:487-491.

[287] Abbasi A, Amiri S. Emulsifying behavior of an exopolysaccharide produced by Enterobacter cloacae [J]. African Journal of Biotechnology, 2008,7(10):1574-1576.

[288] Ball P. Water as an active constituent in cell biology [J]. Chemical Reviews, 2008,108(1):74-108.

[289] Grossutti M, Dutcher J R. Correlation between chain architecture and hydration water structure in polysaccharides [J]. Biomacromolecules, 2016,17(3):1198-1204.

[290] Wang Z, Gao M, Wei J, et al. Long-term effects of salinity on extracellular polymeric substances, microbial activity and microbial community from biofilm and suspended sludge in an anoxic-aerobic sequencing batch biofilm reactor [J]. Journal of the Taiwan Institute of Chemical Engineers, 2016,68: 275-280.

[291] Rios-Del Toro E E, Valenzuela E I, Ramirez J E, et al. Anaerobic ammonium oxidation linked to microbial reduction of natural organic matter in marine sediments [J]. Environmental Science & Technology Letters, 2018,5(9):571-577.

[292] Bond P L, Erhart R, Wagner M, et al. Identification of some of the major groups of bacteria in efficient and nonefficient biological phosphorus removal activated sludge systems [J]. Applied and Environmental

Microbiology, 1999, 65(9):4077-4084.

[293] Wang X X, Zhao J, Yu D S, et al. Evaluating the potential for sustaining mainstream anammox by endogenous partial denitrification and phosphorus removal for energy-efficient wastewater treatment [J]. Bioresource Technology, 2019, 284:302-314.

[294] Xu J, Pang H, He J, et al. The effect of supporting matrix on sludge granulation under low hydraulic shear force: Performance, microbial community dynamics and microorganisms migration [J]. Science of The Total Environment, 2020, 712:136562.

[295] Zhang M, Wang Y, Fan Y, et al. Bioaugmentation of low C/N ratio wastewater: Effect of acetate and propionate on nutrient removal, substrate transformation, and microbial community behavior [J]. Bioresource Technology, 2020, 306:122465.

[296] Dai Y, Yuan Z, Wang X, et al. Anaerobic metabolism of Defluviicoccus vanus related glycogen accumulating organisms (GAOs) with acetate and propionate as carbon sources [J]. Water Research, 2007, 41(9):1885-1896.

[297] Zhang M, Yang Q, Zhang J, et al. Enhancement of denitrifying phosphorus removal and microbial community of long-term operation in an anaerobic anoxic oxic-biological contact oxidation system [J]. Journal of Bioscience and Bioengineering, 2016, 122(4):456-466.

[298] Cao J S, Zhang T, Wu Y, et al. Correlations of nitrogen removal and core functional genera in full-scale wastewater treatment plants: Influences of different treatment processes and influent characteristics [J]. Bioresource Technology, 2020, 297:122455.

[299] Ma J, Wang Z, Zhang J, et al. Cost-effective Chlorella biomass production from dilute wastewater using a novel photosynthetic microbial fuel cell (PMFC) [J]. Water Research, 2017, 108:356-364.

[300] Xie B, Lv Z, Hu C, et al. Nitrogen removal through different pathways in an aged refuse bioreactor treating mature landfill leachate [J]. Applied Microbiology and Biotechnology, 2013, 97(20):9225-9234.

[301] Yoshie S, Makino H, Hirosawa H, et al. Molecular analysis of halophilic bacterial community for high-rate denitrification of saline industrial wastewater [J]. Applied Microbiology and Biotechnology, 2006, 72(1):182-189.

[302] Zeng M, Yang J, Wang H, et al. Application of a composite membrane aerated biofilm with controllable biofilm thickness in nitrogen removal [J]. Applied Microbiology and Biotechnology, 2020, 95(3):875-884.